建设工程质量检测人员岗位培训教材

建筑钢结构工程检测

贵州省建设工程质量检测协会 组织编写

中国建筑工业出版社

图书在版编目（CIP）数据

建筑钢结构工程检测/贵州省建设工程质量检测协会组织编写．—北京：中国建筑工业出版社，2023.5
建设工程质量检测人员岗位培训教材
ISBN 978-7-112-28600-3

Ⅰ.①建… Ⅱ.①贵… Ⅲ.①钢结构-建筑工程-工程施工-岗位培训-教材 Ⅳ.①TU758.11

中国国家版本馆 CIP 数据核字（2023）第 059193 号

本书是建设工程质量检测人员岗位培训教材的一个分册，按照国家《建设工程质量检测管理办法》的要求，依据相关国家技术法规、技术规范及标准等编写完成。主要内容有：绪论；钢结构检测前的基础知识；钢结构检测基础知识；钢结构检测；钢结构质量鉴定等。

本书为建设工程质量检测人员培训教材，也可供从事建设工程设计、施工、质监、监理等工程技术人员参考，还可作为高等职业院校、高等专科院校教学参考用书。

责任编辑：杨　杰
责任校对：张惠雯

建设工程质量检测人员岗位培训教材
建筑钢结构工程检测
贵州省建设工程质量检测协会　组织编写

*

中国建筑工业出版社出版、发行（北京海淀三里河路9号）
各地新华书店、建筑书店经销
霸州市顺浩图文科技发展有限公司制版
北京云浩印刷有限责任公司印刷

*

开本：787 毫米×1092 毫米　1/16　印张：9½　字数：236 千字
2023 年 5 月第一版　2023 年 5 月第一次印刷
定价：36.00 元
ISBN 978-7-112-28600-3
（40934）

版权所有　翻印必究
如有印装质量问题，可寄本社图书出版中心退换
（邮政编码 100037）

建设工程质量检测人员岗位培训教材编写委员会委员名单

主 任 委 员： 李泽晖

副主任委员： 周平忠　江一舟　蒲名品　宫毓敏　谢雪梅　梁　余
　　　　　　　李雪鹏　王林枫　朱焰煌　田　涌　陈纪山　符祥平
　　　　　　　姚家惠　黎　刚

委　　　员：（按姓氏笔画排序）
　　　　　　　王　转　王　霖　龙建旭　卢云祥　冉　群　朱　孜
　　　　　　　李荣巧　李家华　周元敬　黄质宏　詹黔花　潘金和

本 书 编 委 会

主编： 龙建旭　王　转

参编： 郭　倩　冉　东　王　懿　吕佳丽

丛书前言

建设工程质量检测是指依据国家有关法律、法规、工程建设强制性标准和设计文件，对建设工程材料质量、工程实体施工质量以及使用功能等进行检验检测，客观、准确、及时的检测数据是指导、控制和评定工程质量的科学依据。

随着我国城镇化政策的推进和国民经济的快速发展，各类建设规模日益增大，与此同时，建设工程领域内的有关法律、法规和标准规范逐步完善，人们对建筑工程质量的要求也在不断提高，建设工程质量检测随着全社会质量意识的不断提高而日益受到关注。因此，加强建设工程质量的检验检测工作管理，充分发挥其在质量控制、评定中的重要作用，已成为建设工程质量管理的重要手段。

工程质量检测是一项技术性很强的工作，为了满足建设工程检测行业发展的需求，提高工程质量检测技术水平和从业人员的素质，加强检测技术业务培训，规范建设工程质量检测行为，依据《建设工程质量检测管理办法》《建筑工程检测试验技术管理规范》JGJ 190—2010 和《房屋建筑和市政基础设施工程质量检测技术管理规范》GB 50618—2011 等相关标准、规范，按照科学性、实用性和可操作性的原则，结合检测行业的特点编写本套教材。

本套教材共分 6 个分册，分别为：《建筑材料检测》（第二版）、《建筑地基基础工程检测》（第二版）、《建筑主体结构工程检测》（第二版）、《建筑钢结构工程检测》《民用建筑工程室内环境污染检测》（第二版）和《建筑幕墙工程检测》（第二版）。全书内容丰富、系统、涵盖面广，每本用书内容相对独立、完整、自成体系，并结合我国目前建设工程质量检测的新技术和相关标准、规范，系统介绍了建设工程质量检测的概论、检测基本知识、基本理论和操作技术，具有较强的实用性和可操作性，基本能够满足建设工程质量检测的实际需求。

本套教材为建设工程质量检测人员岗位培训教材，也可供建设工程设计、施工、质监、监理等工程技术人员参考，还可作为高等职业院校、高等专科院校教学参考用书。

本套教材在编写过程中参阅、学习了许多文献和有关资料，但错漏之处在所难免，敬请谅解。关于本教材的错误或不足之处，诚挚希望广大读者在学习使用过程中及时将发现的问题函告我们，以便进一步修改、补充。该培训教材在编写过程中得到了贵州省住房和城乡建设厅、中国建筑工业出版社和有关专家的大力支持，在此一并致谢。

前　言

钢结构工程是以钢材制作为主的结构，主要由型钢和钢板等制成的钢梁、钢柱、钢桁架等构件组成，各构件或部件之间通常采用焊缝、螺栓或铆钉连接，是主要的建筑结构类型之一。钢结构建筑相比传统的混凝土建筑而言，用钢板或型钢替代了钢筋混凝土，强度更高，抗震性更好。并且，由于构件可以工厂化制作，现场安装，因而大大减少了工期。由于钢材可重复利用，可以大大减少建筑垃圾，更加绿色环保，因而被世界各国广泛采用，应用在工业建筑和民用建筑中。但我国钢结构工程运用起步较晚、专业技术人才相对匮乏、工程质量控制意识淡薄，以至于在一些钢结构工程中出现了严重的技术、经济不合理现象，甚至造成了许多工程质量事故，损失惨重，故而对既建钢结构工程检测、鉴定很有必要。

本培训教材共分为五章，分别介绍了钢结构的基本概念、钢结构识图、钢结构检测基础知识、钢结构检测、钢结构质量鉴定等，让广大学员从钢结构检测的基本流程、基本内容、检测方法、检测评定等系统地了解钢结构的检测过程，为试验检测人员和施工管理人员业务学习和技术培训提供方便。

本培训教材在贵州省建设工程质量检测协会的统一策划和指导下，由贵州交通职业技术学院王转、龙建旭、王懿、胡伦、郭倩、吕佳利、冉东，贵州中建建筑科研设计院有限公司冉群、朱国良、麻湘琴、曹新民审查。全书编写理念由浅入深，编排设计适用不同层次人群，基本理论满足专业需求，内容上突出工程实用性。

本培训教材在编写的过程中，参阅了大量的文献资料，在此对各参考文献的作者表示衷心的感谢。但错漏之处在所难免，敬请谅解。关于本培训教材的错误或不足之处，欢迎专家及同行们指正。

目 录

第1章 绪论 ·· 1
1.1 钢结构特点和应用 ·· 1
1.2 钢结构概述 ·· 2
1.2.1 钢结构分类与应用 ·· 2
1.2.2 钢结构的特点 ··· 3
1.3 极限状态和概率极限状态设计方法 ······························ 3
1.3.1 钢结构的破坏形式 ·· 3
1.3.2 钢结构的极限状态 ·· 4
1.3.3 概率极限状态设计法 ······································ 5
1.4 常见失效类型及原因 ·· 6
1.4.1 失效的定义 ··· 6
1.4.2 失效的类型和原因 ·· 6
1.4.3 防范失效的一般性措施 ···································· 6
1.5 钢结构检测鉴定的目的和意义 ································· 6

第2章 钢结构检测前的基础知识 ···································· 8
2.1 钢结构识图 ·· 8
2.1.1 钢结构施工图内容 ·· 8
2.1.2 常用构件代号 ··· 10
2.2 钢结构构件 ·· 11
2.2.1 节点的表示方法 ·· 11
2.2.2 轴心受力构件 ··· 16
2.2.3 受弯构件 ·· 17
2.2.4 拉弯和压弯构件 ·· 19
2.3 钢结构连接 ·· 20
2.3.1 螺栓连接 ·· 20
2.3.2 焊接材料及性能 ·· 22

第3章 钢结构检测基础知识 ·· 35
3.1 钢结构检测范围与分类 ·· 35
3.2 钢结构检测程序与内容 ·· 35
3.3 检测方法与要求 ··· 37

第4章 钢结构检测 … 38

4.1 钢结构连接检测 … 38
- 4.1.1 焊接连接检测 … 39
- 4.1.2 螺栓连接检测 … 63
- 4.1.3 铆接连接检测 … 75

4.2 涂装检测 … 78
- 4.2.1 钢材表面除锈质量检测 … 79
- 4.2.2 构件防腐涂装概述 … 80
- 4.2.3 构件防火涂装检测 … 85

4.3 钢构件检测 … 89
- 4.3.1 钢构件几何尺寸检测 … 89
- 4.3.2 构件变形检测 … 91
- 4.3.3 构件缺陷和损伤检测 … 93
- 4.3.4 结构构件性能的检测 … 96
- 4.3.5 钢结构安装质量检测 … 101

第5章 钢结构质量鉴定 … 114

5.1 钢结构可靠性鉴定 … 114
- 5.1.1 概述 … 114
- 5.1.2 前期调查与检测 … 118
- 5.1.3 民用建筑钢结构安全性鉴定 … 119
- 5.1.4 民用建筑钢结构使用性鉴定 … 132
- 5.1.5 工业建筑钢结构可靠性鉴定 … 138

5.2 钢结构抗震性能鉴定 … 143
- 5.2.1 钢结构抗震性能鉴定的情况 … 143
- 5.2.2 钢结构抗震性能鉴定的内容 … 143
- 5.2.3 钢结构抗震性能评定 … 144

第1章 绪　　论

1.1 钢结构特点和应用

建筑是人们为了满足生产、生活或其他需要而创造的物质的、有组织的空间环境，按照使用功能可分为建筑物和构筑物两大类。建筑物指可提供人们进行生产、活动、游玩、观赏等活动的房屋或场所，如，工厂、住宅、厅堂馆所、亭台楼阁、畜禽棚舍和纪念性建筑等。构筑物指与人们生产、活动无直接接触，但又在生产过程中所必须有的附属建筑设施，如烟囱、水塔、冷却塔、变电站、栈桥、筒仓等，也指建筑物以外的其他建筑产品，包括道路、桥梁、运河、上下水道、水库、矿井、铁道、塔等。

无论是建筑物还是构筑物，都必须有赖于起支撑作用的承重骨架，称为结构体系。现有结构体系按照不同的材料可划分为钢结构、木结构、砌体结构、混凝土结构以及组（混）合结构等多种形式。其中，钢结构是土木工程的主要结构类型之一，主要由型钢和钢板等制成的钢梁、钢柱、钢桁架等构件组成，各构件或部件之间采用焊缝、螺栓或铆钉连接。钢结构体系具有自重轻、工厂化制作、安装快捷、施工周期短、抗震性能好、环境污染少等综合优势，常见的钢结构可应用于房屋（图 1-1）、桥梁（图 1-2）等建筑中。

图 1-1　钢结构房屋

图 1-2　钢结构桥梁

随着社会的发展、科学技术的进步和人们需求的不断变化，当今的建筑已是一个非常复杂而庞大的组合体系，受到政治、经济、文化、宗教等的深刻影响。因此，在预期寿命内建筑是否安全可靠、能否正常使用，是设计者、制作者和使用者最为关心的问题之一。

1.2 钢结构概述

1.2.1 钢结构分类与应用

钢结构按照结构形式可分为以下几类：

(1) 框架结构：由框架梁、框架柱组成多层框架，用于高层、超高层民用、公用建筑。

(2) 排架结构：由钢屋架、钢桁架、钢柱或混凝土柱组成，用于单层厂房工业建筑（中型、重型）。

(3) 刚架结构：由钢柱、钢梁组成，用于单层厂房工业建筑。

(4) 网架结构：钢或混凝土柱、标准杆件连续结合组成，用于大开间公用建筑。

(5) 其他形式：特殊房屋，如奥运场馆"鸟巢"等。

钢结构的具体应用有以下几类。

1. 多层和高层建筑

钢结构在多层和高层建筑中的结构形式主要有刚架结构、刚架—剪力墙结构、框筒、悬挂、巨型框架等。钢结构多、高层建筑在现在社会中的应用相当广泛。

2. 大跨度建筑的屋盖结构

结构的跨度越大，则其受自重的影响也就越大，减轻结构自重是实现大跨度结构的基础。由于钢材强度高、结构重量轻，非常适用于大跨度结构的建设，在现代大跨度工程中得到了广泛的应用。如：北京新国际会议展览中心，由 8 个主展厅组成，单个展厅长 168m，宽 70.2m，屋盖为钢结构，主桁架为预应力三角形管桁架，跨度 70.2m。

3. 桥梁钢结构

近年来，钢结构桥梁得到了广泛应用，在今后几年也将不断涌现。它充分发挥了钢结构大跨的特点，主要结构体系为"悬索桥、斜拉桥、桁拱桥、钢管混凝土桥"。

4. 工业厂房

钢结构一般为工业厂房骨架，结构形式多为由钢屋架和阶形柱组成的门式刚架或排架，也有采用网架做屋盖的结构形式。钢结构工业厂房应用广泛，如：印度尼西亚中爪哇电厂钢结构工程，此工程用钢量 12000t。主厂房面积 41m×155m，18 条短轴，4 条长轴。钢柱与钢梁及斜撑之间均为螺栓连接，对钢材的加工精度要求高，在钢结构工业厂房中属于制作难度较大的类型。

5. 可拆卸的结构

钢结构不仅重量轻，还可以用螺栓和其他便于拆卸的手段来连接，因此非常适用于需要拆卸或移动的结构。其中最有代表意义的是法国的埃菲尔铁塔。埃菲尔铁塔总高 324m，重 10000t。铁塔的建造充分体现了钢结构工程的优点，建造时间比预期的短，费用也比预计的少。埃菲尔铁塔本来是计划在博览会闭幕后便将其轻易地拆除，故设计师居斯塔夫·埃菲尔选用了钢架镂空结构，以便拆卸。只不过铁塔建成后，一举成为巴黎乃至整个法国的最具象征性的建筑，所以埃菲尔铁塔一直存留至今，成为巴黎的代表建筑。

1.2.2 钢结构的特点

钢结构在工程中得到广泛应用，特别是近年来快速发展，是因为钢结构与其他结构相比有许多优点，主要表现在如下方面。

1. 钢结构的优点

（1）强度高，自重轻。钢材强度较高，弹性模量也高，与混凝土和木材相比，其密度与屈服强度的比值相对较低，因而在同样受力条件下钢结构的构件截面小，自重轻，便于运输和安装，适于跨度大、高度高、承载重的结构。

（2）材质均匀，有良好的塑性和韧性。钢材内部组织结构均匀，近于各向同性均质体，具有良好的塑性和韧性，钢结构的实际工作性能比较符合计算理论，可靠性高。

（3）安装方便，施工周期短。制作、安装简便，施工精度高，工期短，符合工业化要求。因此，钢结构可以降低造价，节省投资，提高经济效益和资金周转率。

（4）密封性能好。由于焊接结构可以做到完全密封，可以做成气密性、水密性均很好的高压容器。

2. 钢结构的缺点

钢结构虽然有以上优点且在结构中大量使用，但也存在一些缺点。钢结构的缺点主要体现在耐锈蚀性差和耐火性差两个方面。

（1）耐腐蚀性差，维护费用大。新建的钢结构必须先除锈，然后刷防锈涂料或镀锌，且每隔一段时间要重复一次，维护费用较大。若采用不易锈蚀的耐候钢，则可节省大量劳动力和维护费用，但材料一次投资成本高，目前还较少采用。

（2）钢结构耐热不耐火。当温度在150℃以下时，钢材性质变化很小，因而钢结构适用于热车间，但结构表面受150℃左右的热辐射时，要采用隔热板加以保护。温度在300～400℃时，钢材强度和弹性模量均显著下降，温度在600℃左右时，钢材的强度趋于零。在有特殊防火需求的建筑中，钢结构必须采用耐火材料加以保护以提高耐火等级。

1.3 极限状态和概率极限状态设计方法

1.3.1 钢结构的破坏形式

钢结构可能发生的破坏形式有结构和构件的整体及局部失稳、结构的塑性破坏和脆性断裂、结构的疲劳破坏和累积损伤破坏。只有对钢结构可能发生的破坏形式有十分清楚的了解，才能采取合适、有效的措施来防止任何一种破坏形式的发生。

1. 结构和构件的整体失稳

钢结构和构件的整体失稳为结构和构件所承受的外荷载尚未达到按强度计算得到的结构破坏荷载时，钢结构和构件已不能承担荷载，并产生较大变形，整个结构偏离原来的平衡位置而倒塌。钢结构在失稳过程中，变形迅速持续增长，结构在很短时间内破坏甚至倒塌。失稳是钢结构的主要破坏形式，不容忽视。钢结构和构件的整体稳定，因结构形式、截面形式和受力状态的不同，可以有各种形式。轴心受压构件是工程结构中的基本构件之一，其形式分为实腹式轴心受压构件和格式轴心受压构件。在工程结构中，整体稳定通常控制着轴心受压构件的承载力,因为构件丧失整体稳定性常常是突发性的,易造成严重后果,所以应加以特别重视。轴心压杆整体失稳可能是弯曲屈曲、扭转屈曲,也可能是弯扭屈曲。

2. 结构和构件的局部失稳

结构或构件在保持整体稳定的条件下,结构中的局部构件或构件中的局部板件因不能承受外荷载的作用而失去稳定,称为构件的整体失稳或局部失稳。这些局部构件可能是受压柱或受弯梁;构件中的局部板件可以是受压翼缘或受压腹板。

3. 结构的强度破坏

结构在不发生整体失稳和局部失稳的条件下,内力将随荷载的增加而增加,当构件截面上的内力达到截面的承载力并使结构形成机构时,结构就丧失了承载力而破坏。这类破坏称为结构的强度破坏。在杆系结构中,结构的强度破坏都由受拉构件或受弯构件的强度破坏所引起。受压构件一般不会发生强度破坏,往往失稳起控制作用。强度破坏有塑性破坏和脆性断裂之分。

钢材一般情况下有较好的塑性,发生的强度破坏为塑性破坏。受拉构件强度破坏一般经历:截面中的拉应力达到材料的屈服点,受拉构件进入塑性变形,出现明显的伸长,材料进入强化阶段,构件截面上的拉应力继续增加,当拉应力达到材料的抗拉强度后受拉构件被拉断。受弯构件的强度破坏经历:截面边缘纤维应力达到材料的屈服点,截面进入弹塑性阶段,逐步形成塑性铰,塑性铰发生塑性转动,结构内力重分布,其他截面相继出现塑性铰,结构转变成机构,失去承载力而破坏。上述的受拉构件、受弯构件的强度破坏过程较长,出现明显的伸长、变形,即破坏前有预兆,因此很容易被察觉并采取措施加以避免。

4. 结构的疲劳破坏

钢结构或钢构件在连续反复荷载作用下产生的破坏称为疲劳破坏。发生疲劳破坏的荷载值都低于屈服强度,但连续反复次数较多。钢结构和钢构件由于制造或构造上的原因总会存在缺陷,这些缺陷就成为疲劳断裂时裂缝的起源。钢结构或钢构件的疲劳破坏就是裂纹的扩展和最后断裂。裂纹的扩展是十分缓慢的,而断裂是在裂纹扩展到一定尺寸时的瞬间完成的。疲劳破坏是一种脆性破坏,破坏前没有明显的变形,没有预兆。影响疲劳强度的因素很多也很复杂,主要原因为应力集中。

5. 结构的累积损伤破坏

累积损伤是结构受到强力作用(如冲击、地震、强风等)而损伤,在损伤条件下继续工作,随着时间增长,损伤不断累积而导致的结构破坏。钢结构或钢构件在反复荷载作用下,反复作用次数并不多的情况下发生的破坏是累积损伤破坏。不同于前述结构疲劳破坏的是,反复作用的荷载值较大,高于屈服强度;因为荷载值较大,因此反复作用次数不很多的情况下结构就会破坏。这种破坏也称为低周疲劳断裂。事实上,前述疲劳破坏是高周疲劳破坏,也是累积损伤造成的,也可归结为累积损伤破坏的另一种类型。

1.3.2 钢结构的极限状态

钢结构的极限状态可以分为下列两类。

1. 承载能力极限状态

承载能力极限状态包括构件和连接的强度破坏、疲劳破坏和因过度变形而不适于继续承载,结构和构件丧失稳定,结构转变为机动体系和结构倾覆。

当结构或结构构件出现下列状态之一时,应认为超过了承载能力极限状态:

(1) 整个结构或结构的一部分作为刚体失去平衡(如倾覆等);

(2) 结构构件或连接因超过材料强度而破坏(包括疲劳破坏),或因过度变形而不适于继续承载;

(3) 结构转变为机动体系;

(4) 结构或结构构件丧失稳定(如压屈等);

(5) 地基丧失承载能力而破坏(如失稳等)。

承载能力极限状态关系到结构全部或部分的破坏或倒塌,会导致人员的伤亡或经济损失,所以对所有结构和构件必须按承载能力极限状态进行计算,这样才能保证施工质量,满足结构的安全性。

2. 正常使用极限状态

正常使用极限状态包括影响结构、构件和非结构构件正常使用和外观的变形,影响正常使用的振动,影响正常使用或耐久性能的局部破坏(包括混凝土裂缝)。

常见表现形式有以下几种:

(1) 影响正常使用或外观的变形;

(2) 影响正常使用或耐久性能的局部损坏(包括裂缝);

(3) 影响正常使用的振动;

(4) 影响正常使用的其他特定状态。

按正常使用极限状态设计,主要是验算构件的变形和抗裂度或裂缝宽度。

1.3.3 概率极限状态设计法

概率极限状态设计法是以概率理论为基础的极限状态设计法的简称。

"概率计算",就是以结构的失效概率来确定结构的可靠度。过去容许应力法采用了一个安全系数 K(简称单一系数法),就是只用一个安全系数来确定结构的可靠程度。而现在采用了多个分项系数(简称多系数法),把结构计算划分得更细更合理,分别按不同情况,给出了不同的分项系数。这些分项系数是由统计概率方法进行确定的,所以具有实际意义。来自于工程实践,诸多的分项系数从不同方面对结构计算进行修订后,使其材料性能得以充分发挥和结构更加安全可靠。这些系数都是结构在规定的时间内,在规定的条件下,完成预定功能的概率(也即可靠度)。所以,这个计算方法的全称应该为"以概率理论为基础的极限状态设计法"。

根据应用概率分析的程度不同,可分为三种水准:

(1) 半概率极限状态设计方法;

(2) 近似概率极限状态设计方法;

(3) 全概率设计方法。

1.4 常见失效类型及原因

1.4.1 失效的定义

在工程中,结构或构件失去原有设计所规定的功能称为失效。其中,结构失效包括完全丧失原定功能,功能降低,有严重损伤或隐患等,继续使用会失去可靠性及安全性。构件失效主要表现为:①整体断裂;②过大的残余变形;③零件的表面破坏;④破坏正常的工作条件引起的失效。

1.4.2 失效的类型和原因

钢材可能发生的破坏形式有塑性破坏、脆性断裂破坏、疲劳破坏和损伤累积破坏。对于钢结构而言,除上述破坏外,还有由体系本身所引起的稳定破坏。因此,钢结构的可能失效形式有如下几种:①结构的整体失稳;②结构和构件的局部失稳;③结构的塑性破坏;④结构的脆性断裂;⑤结构的疲劳破坏;⑥结构的损伤累积破坏等。

从力学的角度分析,结构整体失稳与局部失稳,均因外力作用,使结构或构件失去平衡稳定状态。结构的塑性破坏是由于剪应力超过抗剪能力而产生的。脆性断裂则是在荷载和侵蚀环境的作用下,裂纹扩展到明显尺寸时发生的。疲劳破坏则是由钢材内部结构不均匀和应力分布不均匀引起的。而结构损伤累积破坏则是由于结构某一部分发生损伤,在后续使用中,随时间增长而不断积累,最终导致结构破坏。

1.4.3 防范失效的一般性措施

钢结构失效的形式很多,但到目前为止,只有整体失稳、局部失稳和强度破坏得到了较为系统深入的研究,能够通过计算加以有效预防;疲劳破坏虽然已经积累了丰富的试验资料,也能通过计算加以预估疲劳寿命,但仍较多地依赖于经验,在理论上并未得到真正的解决;至于损伤累积破坏和脆性断裂破坏还远未达到用理论进行分析的阶段,采用经验方法也很不完善,所以不论设计者还是相关从业者,均应从各个构造细节方面对上述失效形式采取对应有效措施,减少失效造成的损失。

1.5 钢结构检测鉴定的目的和意义

我国各类工业与民用建筑的设计使用寿命一般为50年,除了需要对新建建筑物进行质量检测以外,随着时间的推移以及各种自然灾害和人为因素的影响,已有建筑物的局部或整体也可能丧失正常使用功能,甚至危及财产和生命安全。因此,对建筑物进行检测、鉴定是抵抗天灾人祸,保护人民生命财产安全和国家财富所不可缺少的重要手段。由于国家的大力支持和市场的需求,我国钢结构发展迅猛,各类钢结构企业应运而生。一个优质的钢结构工程应具备三个因素:其一,参建人员素质;其二,精湛的技术水平;其三,施工工序到位。工程检测在工程质量的控制中占有重要地位。工程检测对于提高工程质量、加快工程进度、降低造价、推动施工技术进步,起着非常重要的作用。由此,在建钢结构检测试验地位尤为突出。同时，随着我国国民经济和科学技术的持续快速发展以及城镇规划的逐步完善，许多已有建筑物甚至是新建建筑物已经不满足生产、生活的需求，需要依据现行的技术标准对其进行局部或整体改造，以适应新的使用功能要求，但我国钢结构工程起步较晚、专业技术人才相对匮乏、质量控制意识淡薄，以至于在一些钢结构工程中出现了严重的技术、经济不合理现象，甚至造成了许多工程质量事故，损失惨重，故而很有必要对既建钢结构工程进行检测、鉴定。

第2章 钢结构检测前的基础知识

2.1 钢结构识图

2.1.1 钢结构施工图内容

1. 钢结构设计总说明

以钢结构为主或钢结构较多的工程,需要单独编制钢结构设计总说明,其中包括结构设计总说明中有关钢结构的内容。如:一般应有设计依据、设计荷载、工程概况和对材料、焊接、焊接质量等级、高强度螺栓摩擦面抗滑移系数、预拉力、构件加工、预装、除锈与涂装等的施工要求及注意事项等。

2. 基础平面图及详图

表达钢柱的平面位置及其与下部混凝土构件的连接构造详图。

3. 结构平面布置图

注明定位关系、标高、构件的位置、构件编号及截面形式和尺寸、节点详图索引号等;必要时还应绘制檩条、墙梁布置图和关键剖面图;空间网架包含上、下弦杆及腹杆平面图和关键剖面图,平面图中有杆件编号及截面形式和尺寸、节点编号及形式和尺寸。

4. 构件与节点详图

简单的钢梁、柱可用统一详图和列表法表示,注明构件钢材牌号、必要的尺寸、规格。绘制各种类型连接节点详图(可引用标准图)。

格构式构件包含平面图、剖面图、立面图或立面展开图(对弧形构件),注明定位尺寸、总尺寸、分尺寸,注明单构件型号、规格,绘制节点详图和与其他构件的连接详图。

节点详图包括:连接板厚度及必要的尺寸、焊缝要求、螺栓的型号及其布置,焊钉布置等(表2-1)。

设计图和施工详图的区别　　　　　　　　　　　　　表2-1

设计图	施工详图
①根据工艺、建筑要求及初步设计等,并经施工设计方案与计算等工作而编制的较高阶施工设计图; ②目的、深度及内容均仅为编制详图提供依据; ③由设计单位编制; ④图纸表示较简明,图纸较少,其内容一般包括:设计说明与布置图;构件图、节点图、钢材订货表	①直接根据设计图编制的施工及安装详图(可含有少量的连接、构造等计算),只对深化设计负责; ②目的为直接供制造、加工和安装的施工用途; ③一般应由制造厂或施工单位编制; ④图纸表示详细,数量多,内容包括:构件安装布置图及构件详图

5. 制图标准

1)线型

在结构施工图中图线的宽度 b 通常为 2.0、1.4、0.7、0.5、0.35mm,当选定基本线

宽度为 b 时，则粗实线为 b、中实线为 $0.5b$、细实线为 $0.25b$。在同一张图纸中，相同比例的各种图样，通常选用相同的线宽组。各种线型及线宽所表示的内容如表 2-2 所示。

线型及线宽所表示的内容　　　　　　　表 2-2

名称		线型	线宽	表示的内容
实线	粗	———————	b	螺栓、结构平面图中的单线结构构件线、支撑及系杆线，图名下线、剖切线
	中	———————	$0.5b$	结构平面图及详图中剖到或可见的构件轮廓线、基础轮廓线
	细	———————	$0.25b$	尺寸线、标注引出线、标高符号、索引符号
虚线	粗	- - - - - - -	b	不可见的螺栓线、结构平面图中不可见的单线结构构件线及钢结构支撑线
	中	- - - - - - -	$0.5b$	结构平面图中不可见的构件轮廓线
	细	- - - - - - -	$0.25b$	基础平面图中的管沟轮廓线
单点长画线	粗	—·—·—·—	b	柱间支撑、垂直支撑、设备基础轴线图中的中心线
	细	—·—·—·—	$0.25b$	定位轴线、对称线、中心线

2）尺寸线的标注

详图的尺寸由尺寸线、尺寸界线、尺寸起止点组成；尺寸单位除标高以 m 为单位外，其余尺寸均以 mm 为单位，且尺寸标注时不再书写单位。一个构件的尺寸线一般为三道，由内向外依次为：加工尺寸线、装配尺寸线、安装尺寸线。当构件图形相同，仅零件布置或构件长度不同时，可以一个构件图形及多道尺寸线表示 A、B、C 等多个构件，但最多不超过 5 个。

3）符号及投影

详图中常用的符号一般有剖面符号、剖切符号、对称符号，此外还有折断省略符号及连接符号、索引符号等，同时还可利用自然投影表示上下及侧面的图形。

剖面符号（图 2-1a）：用以表示构件主视图中无法看到或表达不清楚的截面形状及投影层次关系，剖面线用粗实线绘制，编号字体应比图中数字大一号。

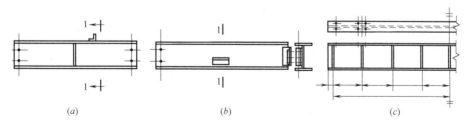

图 2-1　详图中常用符号

剖切符号（图 2-1b）：只表示剖切处的截面形状，并以粗线绘制，不作投影。

对称符号（图 2-1c）：若构件图形是中心对称的，可只画出该图形的一半，并在对称轴线上标注对称符号即可。

折断省略符号及连接符号，均为可以简化图形的符号。即当构件较长，且沿长度方向形状相同时，可用折断省略线断开，省略绘制（图 2-2a）。若构件 B 与构件 A 只有一端不相同，则可在构件 A 图形上以确定位置加连接符号（旗号），再将构件 B 中与构件 A 不同的部位以连接符号为基线绘制出来，即为构件 B（图 2-2b、图 2-2c）。

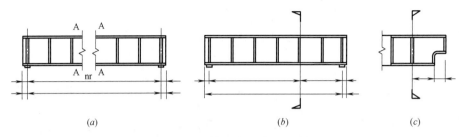

图 2-2　折断省略符号及连接符号

索引符号：为了表示详图中某一局部位置的节点大样或连接详图，可用索引符号索引，并将节点放大表示。索引符号的圆和直径均以细实线绘制，被索引的节点可在同一张图纸绘制，也可在另外的图纸绘制，并分别以图表示。

同时，索引符号也可以用于索引剖面详图，在被剖切的部位绘制剖切位置线，并以引出线引出索引符号，引出线所在一侧应为剖视方向。

定位轴线：绘制平、立面布置图以及构件定位轴线时，应标注轴线，轴线编号应以圆圈中的字母表示柱列线，圆圈中的数字表示柱形线。

2.1.2　常用构件代号

常用构件代号如表 2-3 所示。

常用构件代号　　　　表 2-3

序号	名称	代号	序号	名称	代号
1	板	B	17	框架梁	KL
2	屋面板	WB	18	框支梁	KZL
3	楼梯板	TB	19	屋面框架梁	WKL
4	盖板或沟盖板	GB	20	檩条	LT
5	挡雨板或檐口板	YB	21	屋架	WJ
6	吊车安全走道板	DB	22	托架	TJ
7	墙板	QB	23	天窗架	CJ
8	天沟板	TGB	24	框架	KJ
9	梁	L	25	刚架	GJ
10	屋面梁	WL	26	支架	ZJ
11	吊车梁	DL	27	柱	Z
12	单轨吊车梁	DDL	28	框架柱	KZ
13	轨道连接	DGL	29	连系梁	LL
14	车挡	CD	30	柱间支撑	ZC
15	基础梁	JL	31	垂直支撑	CC
16	楼梯梁	TL	32	水平支撑	SC

第2章 钢结构检测前的基础知识

续表

序号	名称	代号	序号	名称	代号
33	预埋件	M	38	地沟	DG
34	梯	T	39	承台	CT
35	雨篷	YP	40	设备基础	SJ
36	阳台	YT	41	桩	ZH
37	梁垫	LD	42	基础	J

2.2 钢结构构件

2.2.1 节点的表示方法

1. 刚架节点

门式刚架具有轻质、高强，工厂化、标准化程度较高，现场施工进度快等特点，因此，受到广泛的应用。它的特点是用工量较少，可装运性好，还可降低房屋高度。由于其梁柱节点多可视为刚接，使其具有卸载功能，使得实腹门式刚架具有跨度大的特点，可取跨度的1/40～1/30。目前，单跨刚架的跨度国内最大已达72m。

主结构——柱、主梁、楼面梁、托梁、抗风柱、吊车梁（行车梁）、女儿墙立柱。

次结构——支撑体系（包括水平支撑、柱间支撑、系杆、制动桁架）、天沟、屋面檩条、墙面檩条、拉条、撑管。

连接件——高强度螺栓、普通螺栓、花篮螺栓、自攻螺钉、铆钉等。

围护结构——屋面板、墙面板、包边等（图2-3）。

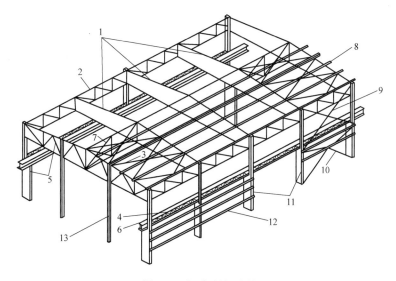

图2-3 门式刚架结构
1—屋架；2—托架；3—上弦横向支撑；4—制动桁架；5—横向平面框架；6—吊车梁；
7—竖向支撑；8—檩条；9、10—柱间支撑；11—框架柱；12—墙架梁；13—山墙墙架柱

2. 刚架受力原理

1）力学原理

门式刚架结构以柱、梁组成的横向刚架为主受力结构，刚架为平面受力体系。为保证纵向稳定，设置柱间支撑和屋面支撑。

2）刚架

刚架柱和梁均采用截面 H 型钢制作，各种荷载通过柱和梁传给基础。

3）支撑、系杆

刚性支撑采用热轧型钢制作，一般为角钢。柔性支撑为圆钢。系杆为受压圆钢管，与支撑组成受力封闭体系。

4）屋面檩条、墙梁

一般为 C 型钢、Z 型钢。承受屋面板和墙面板上传递来的力，并将该力传递给柱和梁（图 2-4）。

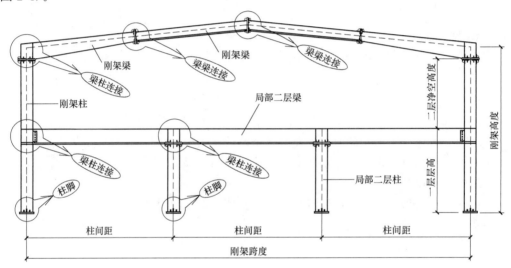

图 2-4 门式刚架断面图

3. 刚架构造示意图

1）柱、梁节点（图 2-5）

2）支撑、系杆（图 2-6、图 2-7）

柱的拼接有多种形式，以连接方法分为螺栓拼接和焊缝拼接，以构件截面分为等截面拼接和变截面拼接，以构件位置分为中心拼接和偏心拼接。图 2-8 所示为柱拼接连接详图。

在此详图中，可知此钢柱为等截面拼接，HW452×417 表示立柱构件为热轧宽翼缘 H 型钢，高为 452mm，宽为 417mm，截面特性可查《热轧 H 型钢和部分 T 型钢》GB/T 11263；采用螺栓连接，18M20 表示腹板上排列 18 个直径为 20mm 的螺栓，24M20 表示每块翼板上排列 24 个直径为 20mm 的螺栓，由螺栓的图例可知为高强度螺栓，从立面图可知腹板上螺栓的排列，从立面图和平面图可知翼缘上螺栓的排列，栓距为 80mm，边距为 50mm；拼接板均采用双盖板连接，腹板上盖板长为 540mm，宽为 260mm，厚为 6mm，翼缘上外盖板长为 540mm，宽与柱翼宽相同，为 417mm，厚为 10mm，内盖板

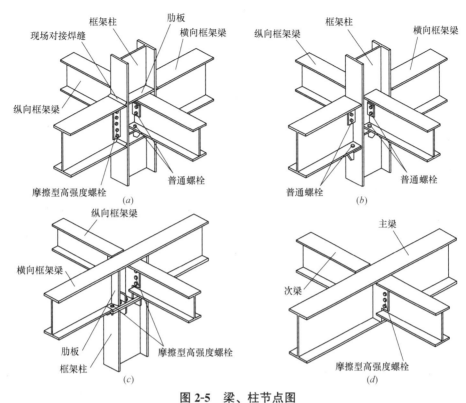

图 2-5　梁、柱节点图

（a）梁柱单向刚接节点；（b）梁柱双向铰接节点；（c）通梁方式柱顶节点；（d）主次梁连接节点

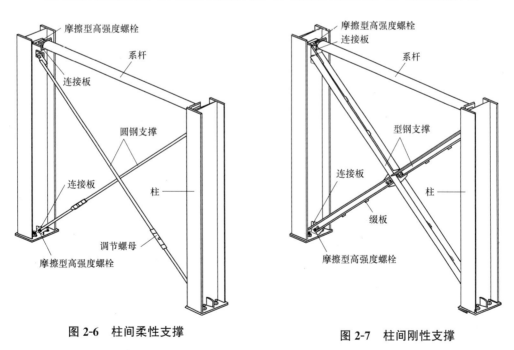

图 2-6　柱间柔性支撑　　　　图 2-7　柱间刚性支撑

宽为 180mm。作为钢柱构件，在节点连接处要能传递弯矩、扭矩、剪力和轴力，柱的连接必须为刚性连接。

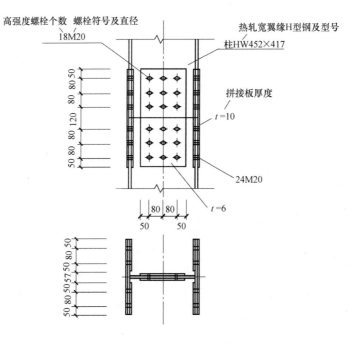

图 2-8 柱拼接连接详图（双盖板拼接）

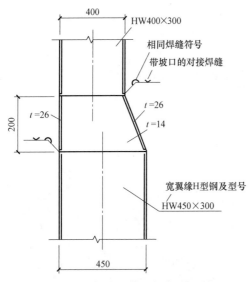

图 2-9 变截面柱偏心拼接连接详图

图 2-9 所示为变截面柱偏心拼接连接详图。在此详图中，知此柱上段为 HW400×300 热轧宽翼缘 H 型钢，截面高、宽分别为 400mm 和 300mm，下段为 HW450×300 热轧宽翼缘 H 型钢，截面高、宽分别为 450mm 和 300mm，柱的左翼缘对齐，右翼缘错开，过渡段长 200mm，使腹板高度达 1∶4 的斜度变化，过渡段翼缘宽度与上、下段相同，此构造可减轻截面突变造成的应力集中，过渡段翼缘厚为 26mm，腹板厚为 14mm；采用对接焊缝连接，从焊缝标注可知为带坡口的对接焊缝，焊缝标注无数字时，表示焊缝按构造要求开口。

3）梁拼接连接详图

梁的拼接形式与柱类同。

图 2-10 所示为梁拼接连接详图。在此详图中，可知此钢梁为等截面拼接，HN500×200 表示梁为热轧窄翼缘 H 型钢，截面高、宽分别为 500mm 和 200mm，采用螺栓和焊缝混合连接，其中梁翼缘为对接焊缝连接，小三角旗表示焊缝为现场施焊，从焊缝标注可知为带坡口有垫块的对接焊缝，焊缝标注无数字时，表示焊缝按构造要求开口，从螺栓图例可知为高强度螺栓，个数有 10 个，直径为 20mm，栓距为 80mm，边距为 50mm；腹板上拼接板为双盖板，长为 420mm，宽为 250mm，厚为 6mm，此连接可使梁在节点处

第 2 章 钢结构检测前的基础知识

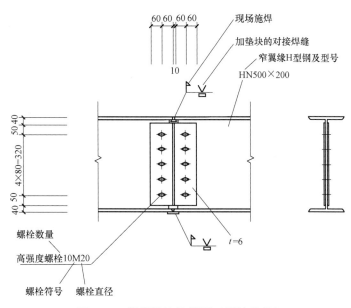

图 2-10 梁拼接连接详图（刚性连接）

能传递弯矩，为刚性连接。

4. 网架节点

建筑钢结构中，网架球节点有螺栓球节点和焊接球节点、钢管圆筒节点、钢管鼓节点等。使用最广泛的为螺栓球节点和焊接球节点。

1) 螺栓球节点

螺栓球节点是由钢球、螺栓、封板或锥头、套筒、螺钉或销子等组成，如图 2-11 所示。

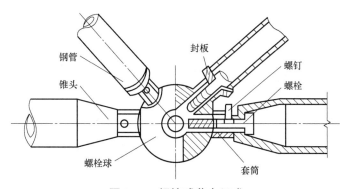

图 2-11 螺栓球节点组成

2) 焊接球节点

焊接球节点钢网架结构具有大跨距、强度大、重量轻、造型美观、无需支撑等特点，广泛应用于各种体育馆、大宾馆、大饭店及娱乐场馆。

焊接球节点钢网架结构是由钢制空心球或管与钢管焊接而成，它的焊缝包括球节点和管节点两种。目前，市场上出现大直径的焊接球节点，此节点现广泛使用在管桁架工程中，作为大跨度，大型箱形梁和 H 形梁的节点（图 2-12）。

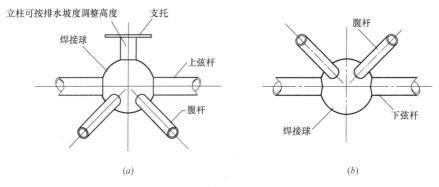

图 2-12 焊接球节点

（a）网架上弦节点示意；（b）网架下弦节点示意

2.2.2 轴心受力构件

轴心受力构件是指承受通过截面形心轴的轴向力作用的一种受力构件。当这种轴心力为拉力时，称为轴心受拉构件或轴心拉杆；当这种轴心力为压力时，称为轴心受压构件或轴心压杆。

轴心受力构件在钢结构工程中应用比较广泛，如桁架（图 2-13）、塔架（图 2-14）、网架（图 2-15）、网壳等，这类结构均由杆件连接而成，在进行结构受力分析时，常将这些杆件节点假设为铰接。各杆件在节点荷载作用下均承受轴心拉力或轴心压力，分别称为轴心受拉构件和轴心受压构件。各种索结构中的钢索就是一种轴心受拉构件。

图 2-13 桁架

图 2-14 塔架

图 2-15 网架

轴心受力构件的常用截面形式可分为实腹式（图 2-16）和格构式（图 2-17）两大类。

实腹式构件制作简单，与其他构件连接也较方便，其常用截面形式很多。可直接选用单个型钢截面，如圆钢、钢管、角钢、T 型钢、槽钢、工字钢、H 型钢等，也可选用由型钢或钢板组成的组合截面。一般桁架结构中的弦杆和腹杆，除 T 型钢外，常采用角钢或双角钢组合截面，在轻型结构中则可采用冷弯薄壁型钢截面。以上这些截面中，截面紧

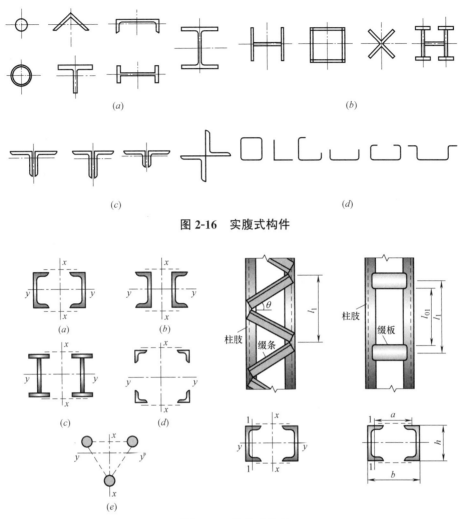

图 2-16 实腹式构件

图 2-17 格构式构件

凑(如圆钢和组成板件宽厚比较小截面)或对两主轴刚度相差悬殊者(如单槽钢、工字钢),一般只可能用于轴心受拉构件。而受压构件通常采用较为开展、组成板件宽而薄的截面。

格构式构件容易使压杆实现两主轴方向的等稳定性,刚度大,抗扭性能也好,用料较省。其截面一般由两个或多个型钢肢件组成,肢件间采用缀条或缀板连成整体,缀板和缀条统称为缀材。

2.2.3 受弯构件

承受横向荷载的构件称为受弯构件,其形式有实腹式和格构式两个系列。

1. 实腹式受弯构件——梁

实腹式受弯构件通常称为梁,在土木工程中应用很广泛,例如房屋建筑中的楼盖梁、工作平台梁、吊车梁、屋面檩条和墙架横梁,以及桥巢、水工闸门、起重机、海上采油平台中的梁等。

钢梁分为型钢梁和组合梁两大类。型钢梁构造简单、制造省工、成本较低，因而应优先采用。但在荷载较大或跨度较大时，由于轧制条件的限制，型钢的尺寸、规格不能满足梁承载力和刚度的要求，就必须采用组合梁。

型钢梁的截面有热轧工字钢、热轧 H 型钢和槽钢三种，其中以 H 型钢的截面分布最合理，翼缘内外边缘平行，与其他构件连接较方便，应予优先采用。用于梁的 H 型钢宜为窄翼缘型（HN 型）。槽钢因其截面扭转中心在腹板外侧，弯曲时将同时产生扭转，受荷不利，故只有在构造上使荷载作用线接近扭转中心，或能适当保证截面不发生扭转时才被采用。由于轧制条件的限制，热轧型钢腹板的厚度较大，用钢量较多。某些受弯构件（如檩条）采用冷弯薄壁型钢较经济，但防腐要求较高。

组合梁一般采用三块钢板焊接而成的工字形截面，或由 T 型钢（用 H 型钢剖分而成）中间加板的焊接截面。当焊接组合梁翼缘需要很厚时，可采用两层翼缘板的截面。受动力荷载的梁如钢材质量不能满足焊接结构的要求时，可采用高强度螺栓或铆钉连接而成的工字形截面。荷载很大而高度受到限制或梁的抗扭要求较高时，可采用箱形截面。组合梁的截面组成比较灵活，可使材料在截面上的分布更为合理，节省钢材。

钢梁可做成简支梁、连续梁、悬伸梁等。简支梁的用钢量虽然较多，但由于制造、安装、修理、拆换较方便，而且不受温度变化和支座沉陷的影响，因而用得最为广泛。

在土木工程中，除少数情况（如吊车梁、起重机大梁或上承式铁路板梁桥等）可由单根梁或两根梁成对布置外，通常由若干梁平行或交叉排列而成梁格。

根据主梁和次梁的排列情况，梁格可分为三种类型：

（1）单向梁格只有主梁，适用于楼盖或平台结构的横向尺寸较小或面板跨度较大的情况。

（2）双向梁格有主梁及一个方向的次梁，次梁由主梁支承，是最为常用的梁格类型。

（3）复式梁格在主梁间设纵向次梁，纵向次梁间再设横向次梁。荷载传递层次多，梁格构造复杂，故应用较少，只适用于荷载重或主梁间距很大的情况。

2. 格构式受弯构件——桁架

主要承受横向荷载的格构式受弯构件称为桁架。与梁相比，其特点是以弦杆代替翼缘，以弦杆代替腹板，而在各节点将腹杆与弦杆连接。这样，桁架整体受弯时，弯矩表现为上、下弦杆的轴心压力和拉力，剪力则表现为各腹杆的轴心压力或拉力。钢桁架可以根据不同使用要求制成所需的外形，对跨度和高度较大的构件，其钢材用量比实腹梁有所减少，而刚度却有所增加。只是桁架的杆件和节点较多，构造较复杂，制造较为费工。

与梁一样，平面钢桁架在土木工程中应用很广泛，例如建筑工程中的屋架、托架、吊车桁架（桁架式吊车梁），桥梁中的桁架桥，还有其他领域，如起重机臂架、水工闸门和海洋平台的主要受弯构件等；大跨度反盖结构中采用的钢网架，以及各种类型的塔桅结构，则属于空间钢桁架。

钢桁架的结构类型有以下几种：

（1）简支梁式。受力明确，杆件内力不受支座沉陷的影响，施工方便，使用最广。

（2）刚架横梁式。将桁架端部上下弦与钢柱相连组成单跨或多跨刚架，可提高其水平刚度，常用于单层厂房结构。

（3）连续式。跨越较大的桥架常用多跨连续的桁架，可增加刚度并节约材料。

（4）伸臂式。既有连续式节约材料的优点，又有简支梁式不受支座沉陷影响的优点，只是铰接处构造较复杂。

（5）悬臂式。用于塔架等主要承受水平风荷载引起的弯矩。

钢桁架按杆件截面形式和节点构造特点可分为普通、重型和轻型三种。普通钢桁架通常指在每个节点用一块节点板相连的单腹壁桁架，杆件一般采用双角钢组成的T形、十字形截面或轧制T形截面，构造简单，应用最广。重型钢桁架的杆件受力较大，通常采用轧制H型钢或三板焊接工字形截面，有时也采用四板焊接的箱形截面或双槽钢、双工字钢组成的格构式截面；每个节点处用两块平行的节点板连接，通常称为双腹壁桁架。轻型钢桁架指用冷弯薄壁型钢或小角钢及圆钢做成的桁架，节点处可用节点板相连，也可将杆件直接连接，主要用于跨度小、屋面轻的屋盖桁架（屋架或桁架式檩条等）。

2.2.4 拉弯和压弯构件

同时承受轴向力和弯矩或横向荷载共同作用的构件称为拉弯或压弯构件（图 2-18、图 2-19）。弯矩可能由轴向力的偏心作用、端弯矩作用或横向荷载作用等三种因素形成。当弯矩作用在截面的一个主轴平面内时称为单向压弯（或拉弯）构件，作用在两主轴平面的称为双向压弯（或拉弯）构件。

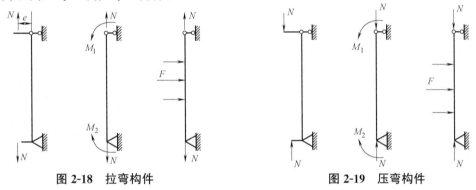

图 2-18　拉弯构件　　　　　　图 2-19　压弯构件

在钢结构中，压弯和拉弯构件的应用十分广泛，例如有节间荷载作用的桁架上下弦杆，受风荷载作用的墙架柱以及天窗架的侧立柱等。

相对而言，压弯构件要比拉弯构件在钢结构中应用得更加广泛，如工业建筑中的厂房框架柱（图 2-20）、多层（或高层）建筑中的框架柱（图 2-21）以及海洋平台的立柱等。它们不仅要承受上部结构传下来的轴向压力，同时还承受弯矩和剪力作用。

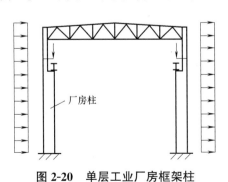

图 2-20　单层工业厂房框架柱

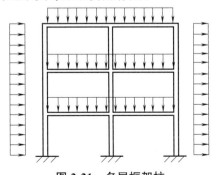

图 2-21　多层框架柱

与轴心受力构件一样，在进行拉弯和压弯构件设计时，应同时满足承载能力极限状态和正常使用极限状态的要求。拉弯构件需要计算其强度和刚度（限制长细比）；对压弯构件，则需要计算强度、整体稳定性（弯矩作用平面内稳定和弯矩作用平面外稳定）以及局部稳定性和刚度（限制长细比）。

拉弯构件的容许长细比与轴心拉杆相同；压弯构件的容许长细比与轴心压杆相同。

拉弯、压弯构件的截面形式很多，一般可分型钢截面和组合截面两类。而组合截面又分实腹式和格构式两种截面。如承受的弯矩较小而轴力较大时，其截面一般与轴心受力构件相似；但当构件承受的弯矩相对较大时，除采用截面高度较大的双轴对称截面外，还可以采用如图 2-22 所示的单轴对称截面以获得较好的经济效果。

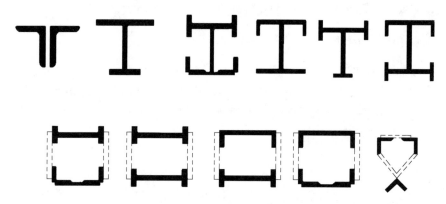

图 2-22　拉弯和压弯构件单轴对称截面

2.3　钢结构连接

钢结构是由若干构件组合而成的，连接的作用就是通过一定的方式将板材或型钢组合成构件，或将若干构件组合成整体结构，以保证其共同工作，因此连接方式及其质量优劣直接影响钢结构的工作性能。钢结构的连接应符合安全可靠、传力明确、构造简单、施工方便和节约钢材的原则。

2.3.1　螺栓连接

螺栓连接分普通螺栓连接和高强度螺栓连接两种。

1. 普通螺栓连接

普通螺栓分为 A、B、C 三级。A 级与 B 级为精制螺栓，C 级为粗制螺栓。A 级和 B 级螺栓的性能等级有 5.6 级和 8.8 级，C 级螺栓的性能等级有 4.5 级和 4.8 级。为了说明螺栓性能等级的含义，下面以 4.6 级的 C 级螺栓为例：小数点前的数字表示螺栓成品的抗拉强度不小于 $400N/mm^2$，小数点及小数点后的数字表示屈强比（屈服强度与抗拉强度之比）为 0.6。

C 级螺栓由未经加工的圆钢压制而成，由于螺栓表面粗糙，故构件上的螺栓孔一般采用Ⅱ类孔（在单个零件上一次冲成或不用钻模钻成设计孔径的孔），螺栓孔的直径比螺栓杆的直径大 1.5～3mm。对采用 C 级螺栓的连接，由于螺栓杆与螺栓孔之间有较大间隙，受剪力作用时，将会产生较大的剪切滑移，故连接变形大。但 C 级螺栓安装方便，且能有效传递拉力，故可用于沿螺栓杆轴方向受拉的连接中，以及次要结构的抗剪连接或安装时的临时固定。

A、B 级精制螺栓是由毛坯在车床上经过切削加工精制而成，其表面光滑，尺寸准确，螺栓杆直径与螺栓孔径相同，对成孔质量要求高，由于精制螺栓有较高的精度，因而受剪性能好，但制作和安装复杂、价格较高，已很少在钢结构中采用。

2. 高强度螺栓连接

高强度螺栓连接有两种类型：一种是只依靠板层间的摩擦阻力传力，并以剪力不超过接触面摩擦力作为设计准则，称为摩擦型连接；另一种是允许接触面滑移，以连接达到破坏的极限承载力作为设计准则，称为承压型连接。摩擦型连接的剪切变形小，弹性性能好，施工较简单，可拆卸，耐疲劳，特别适用于承受动力荷载的结构。承压型连接的承载力高于摩擦型，连接紧凑，但剪切变形比摩擦型大，所以只适用于承受静力荷载或间接承受动力荷载的结构中。

高强度螺栓一般采用 45 号钢、40B 钢和 20MnTiB 钢加工而成，经热处理后，螺栓抗拉强度应分别不低于 $830N/mm^2$ 和 $1040N/mm^2$，即前者的性能等级为 8.8 级，后者的性能等级为 10.9 级。高强度螺栓孔应采用钻成孔，摩擦型连接高强度螺栓的孔径比螺栓杆公称直径 d 大 1.5～2.0mm，承压型连接高强度螺栓杆的孔径比螺栓杆公称直径 d 大 1.0～1.5mm。

表 2-4 和表 2-5 为型钢与螺栓的表示方法。

型钢标注方法　　　　　　表 2-4

名称	截面	标注	说明
等边角钢		$\angle b \times d$	B 为肢宽，d 为肢厚
不等边角钢		$\angle B \times b \times d$	B 为长肢宽
H 型钢		$Hh \times b \times t_1 \times t_2$	焊接 H 型钢
		$HW(或 M、N)h \times b \times t_1 \times t_2$	热轧 H 型钢
工字钢		工 N	N 为型钢高度规格
槽钢		[N	
方钢		$\Box b$	—
钢板		$-L \times B \times t$	L 为板长，B 为板宽，t 为板厚
圆钢		ϕd	d 为圆钢直径
钢管		$\phi d \times t$	d 为管径，t 为壁厚

续表

名称	截面	标注	说明
薄壁卷边槽钢		B[$h \times b \times a \times t$]	B为冷弯薄壁型钢
薄壁卷边Z型钢		BZ$h \times b \times a \times t$	
薄壁方钢管		B□$h \times t$	
薄壁槽钢		B[$h \times b \times t$]	
薄壁等肢角钢		B∠$b \times t$	
起重机钢轨		QU××	××为起重机轨道型号
铁路钢轨		××kg/m 钢轨	—

螺栓及螺栓孔的表示方法 表 2-5

名称	图例	说明
永久螺栓		1. 细"+"表示定位线； 2. 必须标注螺栓孔的直径
高强度螺栓		
安装螺栓		
圆形螺栓孔		
长圆形螺栓孔		

2.3.2 焊接材料及性能

1. 焊接材料

焊接材料是钢材焊接连接时除母材以外使用的材料，主要包括焊条、焊丝、焊剂等。焊接时利用通电后的电弧或电阻提供热源，熔化部分焊件和焊条或焊丝，形成焊缝，焊条药皮或焊剂覆盖在熔化金属表面,使之不与外界空气接触,以保证焊缝质量。

焊条主要用于手工电弧焊,外表包裹一层焊药。焊条型号根据熔敷金属力学性能、药皮类型、焊接方位和焊接电流分为很多种类,焊条直径的基本尺寸有1.6、2.5、3.2、4.0、5.0、5.6、6.0、6.4、8.0mm等规格。

碳钢焊条有E43(E4300~E4316)系列和E50(E5001~E5048)系列。E表示焊条;第1、2位数字为熔敷金属的最小抗拉强度(kgf/mm^2);第3、4表示适用焊接位置、电流及药皮的类型(图2-23)。

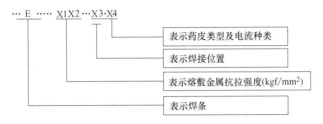

图2-23　碳钢焊条符号含义

低合金焊条有E50(E5000-X~E5027-X)系列和E55(E5500-X~E5518-X)系列。符号X表示熔敷金属化学成分分类代号,其余符号含义同碳钢焊条(图2-24)。

图2-24　低合金焊条符号含义

焊丝是成盘的金属丝,主要用于自动、半自动埋弧焊和气体保护焊,与焊剂或惰性气体配套使用(图2-25)。

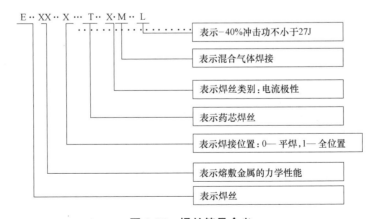

图2-25　焊丝符号含义

埋弧焊碳钢焊丝和低合金钢焊丝型号有H08和H10两种(图2-26)。

焊接连接材料应按强度、性能,与母材匹配,选用按表2-6执行。

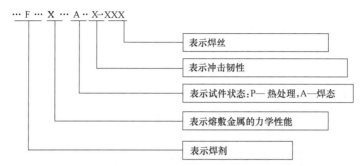

图 2-26　埋弧焊碳钢焊丝和低合金钢焊丝型号含义

焊接材料与母材的匹配表　　　　　　　　　表 2-6

手工焊条型号	埋弧自动焊焊剂与焊丝型号	CO_2 气体保护焊焊丝型号	钢材牌号
E43 型焊条	F4A×型焊剂 H08A 或 H08MA 焊丝	ER49-1	Q235-A、B
		ER50-6	Q235-C、D
E50 型焊条	F50××型焊剂 H10MnSi、H08MnA 或 H10Mn₂ 焊丝	ER49-1	Q345-A
		ER50-3	Q345-B
		ER50-2	Q345-C、D
E55 型焊条	F50××型焊剂 H10MnSi、H10Mn₂ 或 H08MnMoA 焊丝	ER50-3	Q390-A、B、C
		ER50-2	Q390-D
E55 型焊条	F60××型焊剂 H10Mn₂ 或 H08MnMoA 焊丝	ER55-D2	Q420

建筑钢结构常用的焊条有低碳钢焊条和低合金高强度钢焊条，在焊接时选用应考虑下列因素：

(1) 在焊接厚板时，由于冷却快而且易产生裂缝，因此第一层打底焊时，可选用塑性好、强度稍高的低氢焊条来焊，其他各层用等强度的碳素钢或低合金钢焊条来焊。

(2) 对含磷、硫、碳较高的母材，应选用抗裂性和气孔性能较好的焊条，如氧化钛钙型、钛铁矿型焊条以及可选低氢型焊条。

(3) 对承受动力荷载和冲击荷载的结构，应选用冲击韧性和延伸率较高的焊条，应依次选用低氢型、钛钙型、氧化铁型焊条。

(4) 处于低温或高温下工作的结构，应选用能保证低温或高温机械性能的焊条。

(5) 焊接形状复杂和大厚度的工件，应选用抗裂性能好的焊条。

(6) 焊接条件受限制，不能翻转工作时，应选用能全位置焊接的焊条，如低氢性、钛钙型、氧化钛型；对难于清理干净的工件，可选用氧化性强，对铁锈、油垢和氧化皮不敏感的酸性焊条，以免产生气孔。

(7) 没有直流焊机时就不宜用限于直流电源的焊条，而选用交直流两用焊条。

当不同强度的钢材连接时，采用与低强度钢材相适应的焊接材料。

2. 钢结构常见的焊接方法

钢结构常用的焊接方法包括：手工电弧焊、埋弧焊、气体保护焊和电阻焊。

1) 手工电弧焊

手工电弧焊中最主要的要素是焊条本身，它是由金属芯外覆一层粒状焊剂和某种胶粘剂制作而成。所有的碳钢和低合金钢焊条基本上都是低碳钢丝做芯而合金元素则来自于药皮。

焊条药皮的不同导致了不同焊条种类，焊条药皮有以下五种作用：

（1）保护——药皮分解后产生的气体为熔融金属提供保护。

（2）脱氧——药皮为焊剂去除氧气和其他气体。

（3）合金化——药皮为焊缝提供合金化元素。

（4）电离——药皮改善电特性以增强电弧稳定性。

（5）保温——凝固的焊渣在焊缝金属上的覆盖降低了焊缝金属的冷却速度（次要影响）。

手工电弧焊的电源就是通常所说的恒流电源，它具有"下降"的特性。

从工艺控制的角度看，焊工可通过改变电弧长度来增减焊缝熔池的流动性。但是，太大的电弧长度将使电弧的集中度降低，从而导致熔池热量的损失，使电弧稳定性降低，也会损失熔池的保护气体（图 2-27）。

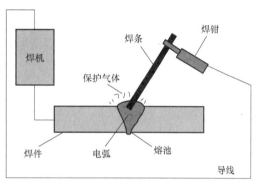

图 2-27 手工电弧焊

2) 埋弧焊（自动或半自动）

电弧在焊剂层下燃烧的一种电弧焊方法（图 2-28）。

优点：自动化程度高，焊接速度快，劳动强度低，焊接质量好。

缺点：设备投资大，施工位置受限。

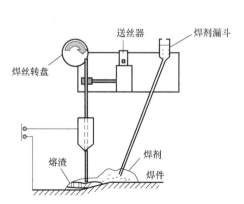

图 2-28 自动或半自动埋弧焊

3) 气体保护焊

利用焊枪喷出的 CO_2 或其他惰性气体代替焊剂的电弧熔焊方法。直接依靠保护气体在电弧周围形成保护层，以防止有害气体的侵入（图 2-29）。

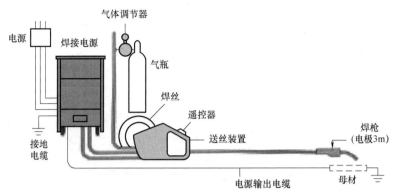

图 2-29 气体保护焊

优点：没有熔渣，焊接速度快，焊接质量好。

缺点：施工条件受限制，不适用于在风较大的地方施焊。

气体保护焊用电源不是恒流电源，而是恒压电源，为平特性电源。

四种过渡形式：射流过渡、脉冲过渡、熔滴过渡、短路过渡。

保护气体对过渡方式有重要影响作用，在混合气体中，只有在至少80%氩气含量的情况下，射流过渡才能产生。短路过渡具有冷却的特性，对于厚板焊接，往往因热量不足而导致未熔合。短路过渡（GMAW-S）必须予以评定。

4）电阻焊

利用电流通过焊件接触点表面的电阻所产生的热量来熔化金属，再通过压力使其焊合。适用于板叠厚度不大于12mm的焊接。

焊接的优点：

（1）构造简单，任何形式的构件都可直接相连；

（2）用料经济，不削弱截面；

（3）制作加工方便，可实现自动化操作；

（4）连接的密闭性好，结构刚度大，整体性好。

焊接的缺点：

（1）焊缝附近有热影响区，钢材的金相组织发生改变，导致局部材质变脆；

（2）焊接的残余应力使结构易发生脆性破坏，降低压杆稳定的临界荷载，残余变形使结构形状、尺寸发生变化；

（3）焊接裂缝一经发生，便容易扩展到整体；

（4）低温冷脆问题较为突出。

3. 焊缝连接形式及焊缝形式

（1）焊缝连接形式：分为对接、搭接、T形连接和角部连接（图2-30）。

（2）焊缝形式：分为对接焊缝和角焊缝。

对接焊缝按受力与焊缝方向分：

① 正对接焊缝：作用力方向与焊缝方向正交。

② 斜对接焊缝：作用力方向与焊缝方向斜交。

角焊缝按受力与焊缝方向分（图2-31）：

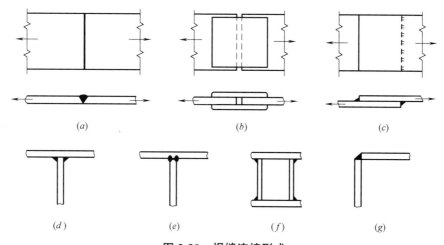

图 2-30 焊缝连接形式

（a）对接连接；（b）用拼接盖板的对接连接；（c）搭接连接；
（d）、（e）T形连接；（f）、（g）角部连接

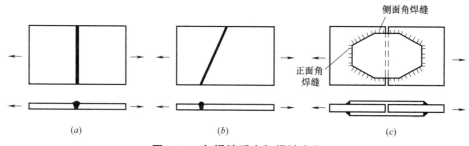

图 2-31 角焊缝受力与焊缝方向

① 正面角焊缝：作用力方向与焊缝长度方向垂直。
② 侧面角焊缝：作用力方向与焊缝长度方向平行。
③ 斜焊缝：作用力方向与焊缝方向斜交。
④ 对接焊缝（图 2-32）

图 2-32 对接焊缝方式

优点：用料经济、传力均匀、无明显的应力集中，利于承受动力荷载。
缺点：需开剖口，焊件长度要求精确。
对接焊缝构造处理的三种常规方法：
a. 为防止熔化金属流淌必要时可在坡口下加垫板（图 2-33）。

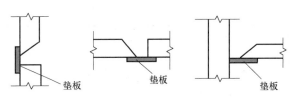

图 2-33 根部加垫板示意图

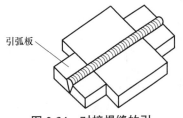

图 2-34 对接焊缝的引弧板和熄弧板示意图

b. 在焊缝的起灭弧处，常会出现弧坑等缺陷，故焊接时可设置引弧板和熄弧板，焊后将它们割除（图 2-34）。

c. 在对接焊缝的拼接处，当焊件的宽度不同或厚度相差 4mm 以上时，应分别在宽度方向或厚度方向从一侧或两侧做成坡度不大于 1∶2.5 的斜角，以使截面过渡和缓，减小应力集中（图 2-35）。

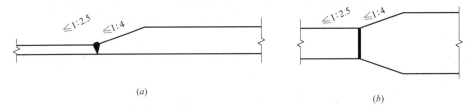

图 2-35 不同厚度或宽度的铜板拼接
(a) 改变厚度；(b) 改变宽度

⑤ 角焊缝（连续、间断角焊缝）（图 2-36）

图 2-36 角焊缝的方式

a. 连续角焊缝：受力性能较好，为主要的角焊缝形式。
b. 间断角焊缝：在起、熄弧处容易引起应力集中。
角焊缝构造要求包括三个方面：焊脚尺寸、焊缝长度和减小焊缝应力集中的措施。

4. 焊接的应力、变形和处理方式

1) 焊接残余应力的分类

纵向焊接应力：长度方向的应力；
横向焊接应力：垂直于焊缝长度方向且平行于构件表面的应力；
厚度方向焊接应力：垂直于焊缝长度方向且垂直于构件表面的应力。

2) 焊接残余应力的成因

（1）纵向焊接残余应力（图 2-37）

① 焊接过程是一个不均匀的加热和冷却过程，焊件上产生不均匀的温度场，焊缝处

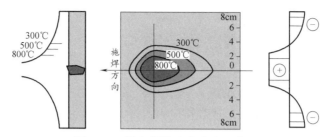

图 2-37 纵向焊接残余应力示意图

可达 1600℃，而邻近区域温度骤降。

② 高温钢材膨胀大，但受到两侧温度低、膨胀小的钢材限制，产生热态塑性压缩，焊缝冷却时被塑性压缩的焊缝区趋向收缩，但受到两侧钢材的限制而产生拉应力。对于低碳钢和低合金钢，该拉应力可以使钢材达到屈服强度。

③ 焊接残余应力是无荷载的内应力，故在焊件内自相平衡，这必然在焊缝稍远区产生压应力。

(2) 横向焊接残余应力

① 焊缝的纵向收缩，使焊件有反向弯曲变形的趋势，导致两焊件在焊缝处，中部受拉，两端受压；

② 焊接时已凝固的先焊焊缝，阻止后焊焊缝的横向膨胀，产生横向塑性压缩变形。焊缝冷却时，后焊焊缝的收缩受先焊焊缝的限制而产生拉应力，而先焊焊缝产生压应力，因应力自相平衡，更远处焊缝则产生拉应力；应力分布与施焊方向有关。

以上两种应力的组合即为横向焊接残余应力。

3) 沿厚度方向的焊接残余应力

(1) 在厚钢板的焊接连接中，焊缝需要多层多道施焊。

(2) 焊接时沿厚度方向已凝固的先焊焊缝，阻止后焊焊缝的膨胀，产生塑性压缩变形。焊缝冷却时，后焊焊缝的收缩受先焊焊缝的限制而产生拉应力，而先焊焊缝产生压应力，因应力自相平衡，更远处焊缝则产生拉应力。

(3) 因此，除了横向和纵向焊接残余应力 σ_x、σ_y 外，还存在沿厚度方向的焊接残余应力 σ_z，这三种应力形成同号（受拉）三向应力，大大降低连接的塑性。

4) 焊接应力的影响

(1) 常温下不影响结构的静力强度；

(2) 增大结构的变形，降低结构的刚度；

(3) 降低疲劳强度；

(4) 在厚板或交叉焊缝处产生三向应力状态，阻碍了塑性变形，在低温下使裂纹易发生和发展；

(5) 降低压杆的稳定性。

5) 减少焊接应力的措施

(1) 合理的焊缝设计

① 合理地选择焊缝的尺寸和形式；

② 尽可能减少不必要的焊缝；

③ 合理地安排焊缝的位置；
④ 尽量避免焊缝的过分集中和交叉；
⑤ 尽量避免母材在厚度方向的收缩应力。
(2) 合理的工艺措施
① 采用合理的施焊顺序和方向；
② 采用反变形法减小焊接变形或焊接应力；
③ 锤击或碾压焊缝使焊缝得到延伸；
④ 小尺寸焊件，应作焊前预热或焊后回火处理。
6) 消除焊接应力的方法

设计文件或合同文件对焊后消除应力有要求时，需经疲劳验算的结构中承受拉应力的对接接头或焊缝密集的节点或构件，宜采用热处理（电加热器局部退火和加热炉整体退火等方法进行消除应力处理）和振动消除应力（仅为稳定结构尺寸）的方法。

目前，国内消除焊缝应力主要采用的方法为消除应力热处理。

消除应力热处理主要用于承受较大拉应力的厚板对接焊缝或承受疲劳应力的厚板或节点复杂、焊缝密集的重要受力构件，主要目的是降低焊接残余应力或保持结构尺寸的稳定。局部消除应力热处理通常用于重要焊接接头的应力消除或减少。

振动消除应力虽能达到一定的应力消除目的，但消除应力的效果目前学术界还难以准确界定。如果是为了结构尺寸的稳定，采用振动消除应力方法对构件进行整体处理既可操作也经济。

有些钢材，如某些调质钢、含钒钢和耐大气腐蚀钢，进行消除应力热处理后，其显微组织可能发生不良变化，焊缝金属或热影响区的力学性能会产生恶化，或产生裂纹。应慎重选择消除应力热处理。

同时，应充分考虑消除应力热处理后可能引起的构件变形。

焊后热处理应符合国家现行标准《碳钢、低合金钢焊接构件 焊后热处理方法》JB/T 6046 的规定。当采用电加热器对焊接构件进行局部消除应力热处理时，应符合下列规定：

(1) 使用配有温度自动控制仪的加热设备，其加热、测温、控温性能应符合使用要求；

(2) 构件焊缝每侧面加热板（带）的宽度至少为钢板厚度的 3 倍，且不小于 200mm；

(3) 加热板（带）以外构件两侧宜用保温材料覆盖。

用锤击法消除中间焊层应力时，应使用圆头手锤或小型振动工具进行，不应对根部焊缝、盖面焊缝或焊缝坡口边缘的母材进行锤击。

采用振动法消除应力时，振动时效工艺参数选择及技术要求应符合《焊接构件振动时效工艺 参数选择及技术要求》JB/T 10375 的规定。

5. 焊缝的符号及其标注方法（图 2-38）

1) 焊缝基本符号（常用）（表 2-7）
2) 辅助符号（表 2-8）

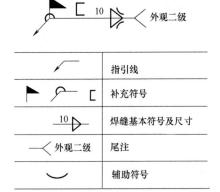

图 2-38 焊缝的符号及其标注方法

焊缝横截面形状的符号 表 2-7

序号	名称	示意图	符号
1	卷边焊缝		八
2	I 形焊缝		‖
3	V 形焊缝		V
4	单边 V 形焊缝		V
5	带钝边 V 形焊缝		Y
5	带钝边单边 V 形焊缝		Y
6	角焊缝		◺
7	塞焊缝或槽焊缝		⊐

焊缝表面形状特征的符号 表 2-8

序号	名称	示意图	符号	说明
1	平面符号		—	焊缝表面齐平（一般通过加工）
2	凹面符号		⌣	焊缝表面凹陷
3	凸面符号		⌢	焊缝表面凸起

注：不需要确切说明焊缝表面形状时，可以不用辅助符号。

3) 补充符号（表 2-9）

4) 尾注（表 2-10）

对焊缝的要求进行备注，一般说明质量等级、适用范围、剖口工艺的具体编号等。

补充说明焊缝的某些特征而采用的符号　　　　　表 2-9

序号	名称	示意图	符号	说明
1	带垫板			焊缝底部有垫板
2	三面围焊			表示三面有焊缝
3	周围焊		○	环绕工件周围焊缝
4	现场焊		▶	表示工地现场进行焊接
5	典型焊缝（余同）			表示类似部位采用相同的焊缝

典型焊缝的符号在某钢构公司还引申为"两面或三面的半围焊"（即引申为"两面或三面都采用相同的焊缝"之意）

尾注　　　　　　　　　　　　　　　　　　　　　　　　表 2-10

示意图		说明
─〈 一级焊缝	─〈 100%探伤	质量要求
─〈 余同	─〈 TYP.	适用范围
─〈 ⑫		剖口、焊接形式的编号

常用的坡口的形状和尺寸见《钢结构焊接规范》GB 50661。

5）焊缝尺寸的标注（表 2-11）

焊缝尺寸的标注　　　　　　　　　　　　　　　　　表 2-11

序号	名称	示意图	尺寸符号	标注方法
1	对接焊缝		S—焊缝有效厚度	S〈

续表

序号	名称	示意图	尺寸符号	标注方法
2	连续角焊缝		K—焊角尺寸	
3	断续角焊缝		l—焊缝长度； e—焊缝间距； n—焊缝段数； K—焊角尺寸	
4	交错断续角焊缝		l—焊缝长度； e—焊缝间距； n—焊缝段数； K—焊角尺寸	
5	塞焊缝或槽焊缝		l—焊缝长度； e—间距； n—焊缝段数； c—槽宽	
5	塞焊缝或槽焊缝		e—间距； n—焊缝段数； d—孔径	
6	点焊缝		n—焊点数量； e—焊点距； d—熔核直径	
7	缝焊缝		l—焊缝长度； e—间距； n—焊缝段数； c—焊缝宽度	

说明：当无焊缝长度尺寸时表示焊缝是通长连续的；当对接焊缝（含角对接组合焊缝）无有效深度的尺寸标注时，表示全熔透。

6）焊缝表达举例

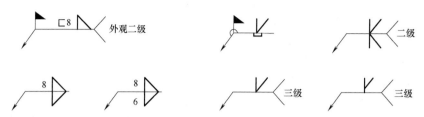

7）其他表述方式

（1）直接在图上表达坡口形状尺寸的方法：

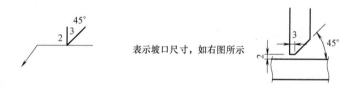

（2）在国外图纸中的一些表述方式：

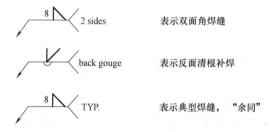

另外，美国图纸很多仍采用英制单位，在看图确定焊缝尺寸时需要进行换算：
1英寸（1″）＝25.4mm
1/16″＝1.6mm，1/8″＝3.2mm，1/4″＝6.4mm，1/2″＝12.7mm

（3）锅炉钢结构中的一些表述方式：

第3章 钢结构检测基础知识

3.1 钢结构检测范围与分类

钢结构的检测可分为在建钢结构的检测和既有钢结构的检测。

一般情况下，钢结构工程的施工质量验收按现行的国家标准《建筑工程施工质量验收统一标准》GB 50300 和《钢结构工程施工质量验收标准》GB 50205 进行。

1）当遇到下列情况之一时，应按在建钢结构进行检测：
（1）在钢结构材料检查或施工验收过程中需了解质量状况；
（2）对施工质量或材料质量有怀疑或者争议；
（3）对工程事故，需要通过检测，分析事故原因以及对钢结构可靠性的影响。

2）当遇到下列情况之一时，应按既有钢结构进行检测：
（1）钢结构的安全性鉴定；
（2）钢结构的抗震鉴定；
（3）大修前的可靠性鉴定；
（4）建筑改变使用用途、改造、加层、扩建前的鉴定；
（5）受到灾害、环境腐蚀等影响的鉴定；
（6）对钢结构的可靠性产生怀疑或争议时；
（7）达到使用年限而需继续使用时。

3）既有建筑除了上述情况下的检测外，宜在设计使用年限内对建筑结构进行常规检测。常规检测宜以下列部位为检测重点：
（1）出现渗、漏水部位的构件；
（2）受到较大反复荷载或动力荷载作用的构件；
（3）暴露在室外的构件；
（4）受到腐蚀性介质侵蚀的构件；
（5）与侵蚀性土壤直接接触的构件；
（6）受到冻融影响的构件；
（7）委托方年检怀疑有安全隐患的构件；
（8）容易受到磨损、冲撞损伤的构件。

4）对于重要和大型公共建筑宜进行结构动力测试和结构安全性监测。

3.2 钢结构检测程序与内容

1）接受委托。

2) 初步调查。

收集被检测结构的设计图纸、设计变更、施工记录、施工验收和工程地质勘察等资料；调查被检测钢结构的现状与缺陷、环境条件；调查使用期间的加固与维修情况、用途与荷载变更情况等，进一步明确委托方的检测目的和具体要求，并了解是否已进行过相关检测。

3) 制订检测方案。

现场检测应根据检测项目情况，制订相应的检测方案。检测方案宜包括下列主要内容：

(1) 概况，主要包括结构形式、建筑面积、总层数、设计、施工及监理单位、建造年代等；

(2) 检测目的或委托方的检测要求；

(3) 检测依据，主要包括检测所依据的标准及有关的技术资料等；

(4) 检测项目和选用的检测方法以及检测的数量；

(5) 检测人员和仪器设备情况；

(6) 检测工作进度计划；

(7) 所需要的配合工作；

(8) 检测中的安全措施；

(9) 检测中的环保措施。

4) 确定检测方案。

5) 确定仪器设备状况。

6) 现场检测（如需要时进行补充检测）：

(1) 钢构件材料的检测；

(2) 连接（焊接连接、紧固件连接）的检测；

(3) 构件尺寸与偏差的检测；

(4) 构件缺陷和损伤的检测；

(5) 结构构件变形的检测；

(6) 结构构造的检测；

(7) 涂装的检测；

(8) 地基基础的检测；

(9) 其他方面的检测（包括结构的布置形式、荷载、环境和振动等）。

7) 计算分析与结果评价。

8) 出具检测报告。

报告内容至少包括如下方面：

(1) 委托单位名称；

(2) 建筑工程概况，包括工程名称、结构类型、规模、施工日期及现状等；

(3) 设计单位、施工单位及监理单位名称；

(4) 检测原因、检测目的、以往检测情况概述；

(5) 检测项目、检测方法及依据的标准；

(6) 抽样方案及数量；

（7）检测日期、报告完成日期；
（8）检测项目的主要分类检测数据和汇总结果；
（9）检测结果、检测结论；
（10）主检、审核和批准人员的签名。

3.3 检测方法与要求

建筑结构的现场检测方法很多。有一些检测方法有对应的检测技术标准，比如《焊缝无损检测 超声检测技术、检测等级和评定》GB/T 11345 等。有一些检测方法则没有对应的检测标准，可以参照相应的检测标准扩大该检测方法的适用范围，或者自行开发、引进检测方法。选用检测方法时应遵循下列基本规定：

（1）根据检测项目、检测目的、建筑结构状况、现场条件并结合已有检测手段和设备来选择合适的检测方法。

（2）现场检测宜优先选用对结构构件无损伤或损伤较小的检测方法。当选用局部破损的取样检测方法或原位检测方法时，宜选择结构构件受力较小的部位，并不得损害结构的安全性。当对古建筑和有纪念意义的既有建筑结构进行检测时，应避免对建筑结构造成损伤。对重要和大型公共建筑的结构动力测试，应根据结构的特点和检测的目的，分别采用环境振动和激振等方法。对重要大型工程和新型结构体系的安全性检测，应根据结构的受力特点制订检测方案，并应对检测方案进行论证。

（3）选用有检测技术标准的检测方法时，应遵守下列规定：对于通用的检测项目，应选用国家标准或行业标准；对于有地区特点的检测项目，可选用地方标准；对同一种方法，地方标准与国家标准或行业标准不一致时，有地区特点的部分宜按地方标准执行，检测的基本原则和基本操作要求应按国家标准或行业标准执行；当国家标准、行业标准或地方标准的规定与实际情况确有差异或存在明显不适用问题时，可对相应规定作适当调整或修正，但调整与修正应有充分的依据，调整与修正的内容应在检测方案中予以说明，必要时应向委托方提供调整与修正的检测细则。

（4）采用扩大检测标准适用范围的检测方法时，应遵守下列规定：所检测项目的目的与相应检测标准相同；检测对象的性质与相应检测标准检测对象的性质相近；应采取有效的措施，消除因检测对象性质差异而存在的检测误差；检测单位应有相应的检测细则，在检测方案中应予以说明，必要时应向委托方提供检测细则。

（5）采用检测单位自行开发或引进的检测仪器及检测方法时，应遵守下列规定：该仪器或方法必须通过技术鉴定，并具有一定的工程检测实践经验；该方法应事先与已有成熟方法进行比对试验；检测单位应有相应的检测细则；在检测方案中应予以说明，必要时应向委托方提供检测细则。

第4章 钢结构检测

4.1 钢结构连接检测

钢结构常用的连接方法有：焊缝连接，螺栓连接，铆接。焊缝连接：属于刚性连接（可以承受弯矩），除了直接承受动力荷载的结构中，超低温状态下，均可采用焊缝连接。

钢结构中的焊缝连接，主要采用电弧焊（即在构件连接处，借电弧产生的高温，将置于焊缝部位的焊条或焊丝金属熔化，而使构件连接在一起）。电弧焊又分手工焊、自动焊和半自动焊。自动焊和半自动焊，可采用埋弧焊或气体（如二氧化碳气）保护焊。

焊缝连接受力特点：对接焊缝当采用与主体金属相适应的焊条或焊丝，施焊合理，质量合格时，其强度与主体金属强度相当。角焊缝的截面形状，一般为等腰直角三角形，其直角边长称为焊脚（h_f），斜边上的高（$0.7h_f$）称为有效厚度。用侧面角焊缝连接承受轴向力时，焊缝主要承受剪切力，计算时，假设剪应力沿着有效厚度的剪切面均匀分布，只验算其抗剪强度。正面角焊缝受力复杂，同时存在弯曲、拉伸（或压缩）和剪切应力，其破坏强度比侧面角焊缝高。关于焊缝的构造要求，施工验收规范均有专门规定。

焊接应力和变形：焊接过程中，由于被连接构件局部受热和焊后不均匀冷却，将产生焊接残余应力和焊接变形，其大小与焊接构件的截面形状、焊缝位置和焊接工艺等有关。焊接残余应力高的可达到钢材屈服点，对构件的稳定和疲劳强度均有显著的影响。焊接变形可使构件产生初始缺陷。设计焊接结构以及施工过程都应采取措施，减少焊接应力和焊接变形。

普通螺栓连接的连接件包括螺栓杆、螺母和垫圈。普通螺栓用普通碳素结构钢或低合金结构钢制成，分粗制螺栓和精制螺栓两种。粗制螺栓由未经加工的圆杆制成，螺栓孔径比螺栓杆径大 1.0～1.5mm，制作简单，安装方便，但受剪切时性能较差，只用于次要构件的连接或工地临时固定，或用在借螺栓传递拉力的连接上。精制螺栓由棒钢在车床上切削加工制成，杆径比孔径小 0.3～0.5mm，其受剪力的性能优于粗制螺栓，但由于制作和安装都比较复杂，很少应用。

普通螺栓连接按受力情况可分为抗剪连接和抗拉连接，也有同时抗剪和抗拉的。抗剪连接又有单面受剪和双面受剪以及多面受剪等不同情况。在普通螺栓抗剪连接中，当拧紧螺母时，螺栓内产生的预拉力不大；连接受力时，被连接的板件之间的摩擦力克服后，产生滑移，栓杆与孔壁接触，此时主要靠螺栓杆剪切和栓杆与孔壁互相挤压传力。当螺栓杆直径相对较小时，螺栓沿受剪面剪断，称剪切破坏。当板件相对较薄时，孔壁被挤压而破坏，或板件端部被螺栓冲开，称承压破坏。当被连接板件截面较小时，也可能在有螺栓的截面处被拉断而破坏。螺栓抗拉连接的受力情况，则随着被连接构件的刚度不同而有较大的区别。当被连接构件的刚度较大且螺栓对称布置时，则每个螺栓将平均承担作用在连接处的拉力。当被连接构件的刚度较小时，则连接处翼缘会发生弯曲变形，产生杠杆力。杠杆力比较复杂，一般采用适当降低螺栓的抗拉设计强度加以考虑。螺栓的抗拉连接破坏是在螺纹处拉断。考虑施工方便和受力要求，螺栓要按一定规则排列。

高强度螺栓连接件亦由螺栓杆、螺母和垫圈组成。由强度较高的钢（如 20 锰钛硼、40 硼、45 号钢）经过热处理制成。高强度螺栓连接用特殊扳手拧紧，对其施加规定的预拉力。高强度螺栓抗剪连接按其传力方式分为摩擦型和剪压型（或称承压型）两类。

摩擦型高强度螺栓抗剪连接，依靠被夹紧板束接触面的摩擦力传力，一旦摩擦力被克服，被连接的构件发生相对滑移，即认为达到破坏状态。而剪压型高强度螺栓抗剪连接，则假设板束接触面间的摩擦力被克服后，栓杆与孔壁（孔径比杆径大 1.0～1.5mm）接触，借螺栓抗剪和孔壁承压来传力。因为摩擦型高强度螺栓抗剪连接的承载力取决于高强度螺栓的预拉力和板束接触面间的摩擦系数（亦称滑移系数）的大小，除采用强度较高的钢材制造高强度螺栓并经热处理，以提高预拉力外，常对板件接触面进行处理（如喷砂）以提高摩擦系数。高强度螺栓的预拉力并不降低其抗拉性能，其抗拉连接与普通螺栓抗拉连接相似，当被连接构件的刚度较小时，应计入杠杆力的影响。每个螺杆所受外力不应超过预拉力的 80%，以保证板束间保持一定的压力。高强度螺栓连接的螺栓排列，也有一定的构造规定。

铆钉连接中的铆钉是由顶锻性能好的铆钉钢制成。铆钉连接的施工程序，是先在被连接的构件上，制成比钉径大 1.0～1.5mm 的孔。然后将一端有半圆钉头的铆钉加热到呈樱桃红色，塞入孔内，再用铆钉枪或铆钉机进行铆合，使铆钉填满钉孔，并打成另一铆钉头。铆钉在铆合后冷却收缩，对被连接的板束产生夹紧力，这有利于传力。铆钉连接的韧性和塑性都比较好。但铆接比栓接费工，比焊接费料，只用于承受较大的动力荷载的大跨度钢结构。过去由于铆接方式（热铆）、铆钉材料（强度、刚度均不高，与桥梁用钢不匹配）、无高效可靠的铆接设备等条件限制，数十年来不为钢结构所采用。但铆接适合用于承受动荷载的钢结构的连接，故紧固件生产企业一直未放弃对铆接产品的探索。在此对铆接的发展略作介绍，希望对钢结构的创新发展有所助益。一般情况下在工厂几乎为焊接所代替，在工地几乎为高强度螺栓连接所代替。

近十年来，我国在铆接产品、工艺、设备上均有了长足进步，生产出了 8.8 级和 10.9 级拉铆钉，并在航空、高铁列车、船舶金属结构上大量应用。2017 年 11 月已形成该产品技术条件的国家标准报批稿。其中Ⅰ型环槽铆钉（拉铆钉）直径为 12～36mm，可连接钢板厚度 110mm；Ⅱ型环槽铆钉（拉铆钉）直径为 5～20mm，可用于钢板与箱形构件的连接。

4.1.1 焊接连接检测

1. 焊接连接概述

焊缝分为对接焊缝和角焊缝。对接焊缝也称坡口焊缝，构造简单，传力直接简捷；但在施焊之前，焊件边缘需根据不同厚度进行加工，做成各种坡口形式，以保证焊透。角焊缝用于不在同一平面内的两个焊件的相连，如两块钢板搭接，焊缝堆成接近三角形截面，贴附被连接焊件的交搭边缘处或端头。搭接的贴角焊缝平行于作用力方向的称为侧面角焊缝，垂直于作用力方向的称为正面角焊缝。焊缝的形式有对接、搭接、T 形连接和角形连接；不同连接形式可用不同形式的焊缝，以确保焊缝连接的传力可靠。

焊缝连接的检测内容应包括：焊缝外观与外形尺寸质量，焊缝内部质量以及焊缝锈蚀状况等。必要时，可截取试样进行力学性能检验。

焊缝外形尺寸包括：焊缝长度、焊缝余高，角焊缝还包括焊脚尺寸。T形接头、十字接头、角接接头等要求熔透的对接和角对接组合焊缝及设计有疲劳验算要求的吊车梁或类似构件的腹板与上翼缘连接焊缝，均应进行焊脚尺寸检测。

2. 常见焊缝缺陷

金属作为最常用的工程结构材料，往往要求具有如高温强度、低温韧性、耐腐蚀性以及其他一些基本性能，并且要求在焊接之后仍然能够保持这些基本性能。焊接过程的特点主要是温度高、温差大，偏析现象很突出，金相组织差别比较大。因此，在焊接过程中往往会产生各种不同类型的焊接缺陷而遗留在焊缝中。如裂纹、未焊透、未熔合、气孔、夹渣以及夹钨等，从而降低了焊缝的强度性能，给安全生产带来很大的不利。但是，不论什么样的缺陷，它在形成的过程中都具有特定的形成机理和规律，只要掌握其形成的基本特点，就会对我们在生产中制订焊接工艺措施，防止缺陷的产生起到很好的作用。因此，可以通过对焊缝中常见缺陷的形成及其危害性进行分析，从而提出相关防治措施。

1) 裂纹

(1) 产生裂纹缺陷的原因

根据对日常所发现的裂纹缺陷的分析可知，产生裂纹的主要因素是焊接工艺不合理、选用材料不当、焊接应力过大以及焊接环境条件差造成焊后冷却太快等。

(2) 裂纹产生的部位

焊缝裂纹一般分为热裂纹和冷裂纹。热裂纹是在焊接过程中形成的，因此，大部分都产生在焊缝的填充部位以及熔合线部位，并埋藏于焊缝中；冷裂纹也叫延时裂纹，一般都是在焊缝冷却过程中由于应力的影响而产生，有时还随着焊缝的组织的变化首先在焊缝内部形成组织晶界裂纹，经过一段时间之后才形成宏观裂纹，这类裂纹一般形成于焊缝的热影响区以及焊缝的表面。

(3) 裂纹的危害性

裂纹是焊缝中危害性最大的一种缺陷，它属于条面对面状缺陷，在常温下会导致焊缝的抗拉强度降低，并随着裂纹所占截面面积的增加而引起抗拉强度大幅度下降。另外，裂纹的尖端是一个尖锐的缺口，应力集中很大，它会促使构件在低应力下扩展破坏。所以，在焊缝中裂纹是一种不允许存在的缺陷，一旦发现必须全部清除或将所焊容器（构件）判废。

(4) 防止裂纹产生的措施

首先是针对构件焊接情况选取合理的焊接工艺，如焊接方法、线能量、焊接速度、焊前预热、焊接顺序等。这是防止焊缝裂纹产生的最基本的措施。在结构条件一定的情况下，合理的工艺不仅会影响和改善接头的应力状态，而且也会影响焊缝的化学成分，还可以改变杂质的偏析程度，对防止裂纹的形成都有很大的帮助。其次是焊接材料的选择要正确。最后是考虑焊接环境条件以及热处理工艺等。因此，在实际生产过程中应根据实际情况综合考虑各种工艺因素所带来的影响。

2) 未焊透

(1) 产生未焊透缺陷的原因

① 焊接规范选择不当，如电流太小，电弧过短或过长，焊接速度过快，金属未完全熔化；

② 坡口角度过小、钝边过厚、对口时间隙太小导致熔深减小；

③ 焊接过程中，焊条和焊枪的角度不当导致电弧偏析或清根不彻底等。

(2) 未焊透产生的部位

未焊透实际上就是焊接接头的根部未完全熔透的现象，单面焊双面成型或加垫板焊的焊缝主要产生于V形坡口的根部，双面焊双面成型的焊缝主要产生于X形坡口或双U形坡口钝边的边缘处。

(3) 未焊透缺陷的危害性

未焊透属于一种面状缺陷，通常都视为裂纹类缺陷，未焊透的存在会导致焊缝的有效截面减小，从而降低焊缝的强度。在应力主作用下很容易扩展形成裂纹导致构件破坏。若是连续性未焊透，更是一种极其危险的缺陷。所以，焊缝中的未焊透是一种不允许存在的缺陷。

(4) 防止未焊透缺陷产生的措施

正确确定坡口形式和装配间隙，认真清除坡口两侧的油污杂质，合理选择焊接电流，焊接角度要正确，运条速度要根据焊接电流的大小、焊体的厚度以及焊接位置进行选择，不应移动过快，随时注意不断地调整焊接角度。对于导热不良、散热较快的焊件，可进行焊前预热或在焊接过程中同时用火焰进行加热。对于要求全焊透的焊缝，如果是有未焊透时，在条件允许的情况下可以将反面熔渣和焊瘤清理后进行加焊处理；对于非要求全焊透的焊缝，其焊透深度大于板厚的0.7倍即可。应尽量采用单面焊双面成型的工艺。

3) 未熔合

(1) 产生未熔合缺陷的原因

① 焊接规范选择不当，电流过小，焊接速度太快，焊接电流的强度不够，产生的热量太小，致使母材坡口或先焊的金属未能完全熔化。

② 电流过大，焊条过于发红而快速先熔化，在母材边缘还没有达到熔化温度的情况下就覆盖过去，同时焊条散热太快而导致母材的开始端未熔化。

③ 焊接时操作不当，焊条偏向某一边而另一边尚未熔化就被已熔化的金属掩盖过去形成虚焊现象。

④ 坡口制备不良，坡处太潮湿。熔池氧化太快，焊条生锈或有油污而进行施焊等。

(2) 未熔合产生的部位

未熔合缺陷一般产生于焊件坡口的熔合线处以及焊缝层间、焊缝的根部。在焊接时焊道与母材之间或焊道与焊道之间未完全熔合成一体，在点焊时母材与母材未完全熔合成一体而形成虚焊部位。

(3) 未熔合缺陷的危害性

未熔合缺陷大多是以面状存在于焊缝中，通常也被视为裂纹类型的缺陷。其实质就是一种虚焊现象，从而导致焊缝的有效截面积减小，在交变应力高度集中的情况下致使焊缝的强度降低，塑性下降，最终造成焊缝开裂。在焊缝中是不允许存在未熔合缺陷的。

(4) 未熔合缺陷的防止

焊前对坡口周围进行认真清理，去除锈蚀和油污；正确选择焊接规范，焊接的电流不宜太小，焊接速度不能太快；在正常施焊过程中焊接电流也不宜过大，否则焊条过于发红而快速熔化，这样就会在母材的边缘未达到熔化温度的情况下焊条的熔化金属已覆盖而造成未熔合；对于散热过快的焊件可以采取焊前预热或在焊接过程中同时用火焰加热施焊；焊接操作要正确，避免产生磁偏吹，如遇焊件带磁时应先进行退磁。

4) 气孔

(1) 产生气孔的原因

焊缝中产生气孔的原因很多，由于焊接属于金属的冶炼过程，因此可以概括为：

一是冶金因素的影响，焊接熔池在凝固过程中界面上排出的氮、氢、氧、一氧化碳等气体以及水蒸气来不及排出时被包裹在金属内部形成孔洞；

二是工艺因素的影响，如焊接工艺规范选择不当、焊接电源的性质不同、电弧长度的控制、操作技能不规范等都会给气孔的形成提供条件。归纳起来有以下几点：

① 焊接的基本金属或填充金属的表面有锈、油污、油漆或有机物质存在；焊条或焊剂没有充分烘干或焊条成分不当，焊条药皮变质。

② 焊接电流过小，电弧拉得过长，或焊接速度太快，另外采用交流电焊接比采用直流电焊接易产生气孔。

③ 焊接时周围环境的空气湿度太大，阴雨天进行焊接特别容易形成气孔缺陷。

(2) 气孔缺陷产生的部位

气孔是焊缝中最常见的缺陷，按位置可分为表面气孔、内部气孔，按形状可分为点状、链状、分散状，及密集型、圆形、椭圆形、长条形、管形等。因此，气孔可以分布在焊缝的任何部位。

(3) 气孔的危害性

气孔属于体积性缺陷，它主要是削弱焊缝的有效截面积，降低焊缝的机械性能和强度，尤其是焊缝的弯曲强度和冲击韧性。同时，也破坏了焊缝金属的致密性。一般来说边界气孔是导致构件破坏的重要原因，其塑性可降低 $40\%\sim50\%$。在交变应力的作用下焊缝的疲劳强度显著下降。但由于气孔没有尖锐的边缘，一般认为不属于危害性缺陷，并允许有限度在焊缝中存在。但也要按照规范中的规定进行评定，超过规范要求时也必须进行返修处理。

(4) 防止气孔缺陷产生的措施

焊接前将焊件坡口周围的油污和有机物质清理干净；焊条必须按照要求进行烘干，并存放于保温盒内随取随用；不要使用药皮已变质及偏芯过大的焊条；尽量采用短弧焊接规范，同时防止有害气体入侵；对于厚大工件或规程规定要进行焊前预热的工件必须进行焊前预热；焊接过程中焊接速度不宜过快；焊接场所要有防雨防风设施，管道焊接时要避免穿堂风。

5) 夹渣

(1) 产生夹渣缺陷的原因

在焊接过程中，熔池中的熔化金属的凝固速度大于熔渣的上浮速度，在熔化金属凝固时熔渣来不及浮出熔池而残存在焊缝内，这就是夹渣。其影响因素主要有以下几点：

① 焊件的坡口设计不合理，坡口的角度太小。
② 焊接规范选择不当，如焊接电流过小、焊接速度快。
③ 多层焊接时清渣不彻底。
④ 熔池中液态金属凝固过快，熔渣粒度过大不易浮出表面。
⑤ 焊件坡口处杂质及油污和有机物质清理不彻底，焊条的成分不当，药皮的熔点过高。焊接过程中未完全熔化而被裹在金属内。

（2）夹渣缺陷产生的部位

夹渣缺陷在焊缝中的表现一般都是没有规则的，有分散点状的也有密集的，既有块状也有条状和链状。因此，夹渣缺陷可以存在于焊缝的任何部位。

（3）夹渣缺陷的危害性

夹渣属于体积性缺陷，它的危害程度比面状缺陷要小。但是，夹渣缺陷的形状是多种多样的，并具有尖锐的边缘，在交变应力的作用下，也很容易扩展形成裂纹而成脆性断裂；同时也会以减少焊缝的有效截面积而降低焊缝机械强度、塑性、韧性和耐腐蚀的能力以及疲劳极限。焊缝中的夹渣允许有限地存在，但必须按标准进行评定，不合格的夹渣缺陷也应当进行返修处理。

（4）防止夹渣产生的措施

设计合理的焊接坡口，焊前对坡口周围要进行认真的清理，多层焊时特别要注意焊渣的彻底清理；选择适当的焊接规范，防止焊缝金属冷却过快；减慢焊接的速度，增大焊接电流来改善熔渣浮出表面的条件；运行条要正确，并有规律地摆动焊条，焊接过程中不断地搅动熔池中的熔化金属，促使熔渣与铁水分离；调整焊条的药皮或焊剂的化学成分，降低熔渣的熔点，也有利于防止夹渣缺陷的产生。

6）钨夹渣

（1）产生钨夹渣的原因

在采用钨极气体保护焊时，由于焊接电流过大而超过极限电流或钨极直径太小而导致钨极高度发热，端部熔化进入焊缝的液态金属中。由于钨的熔点高，在冷却凝固过程中，钨首先以自由状态结晶析出而停留于焊缝中。因此，任何能造成钨极熔化的因素都将引起钨夹渣的产生，如钨极夹具松动、钨极直径小、炽热的钨极顶端触及熔池而产生飞溅或气体保护不良而引起钨极烧损等。

（2）钨夹渣产生的部位

钨夹渣在焊缝中一般都呈现为分散点状、条状和块状。在钨极全气体焊或等离子焊接时可以在焊缝的任何部位形成。钨极气体保护焊封底，电弧焊填充盖面焊时大多产生于焊缝的第一层。

（3）钨夹渣缺陷的危害性

焊缝中存在的钨夹渣缺陷的形状与一般的夹渣是一样的，因此，它的危害性与夹渣的危害性基本上是一致的。

（4）防止钨夹渣产生的措施

首先要选择良好的钨极夹具，钨极的直径要根据焊件的规格、材质而选择；根据钨极的直径选择适当的焊接电流；加强气体保护的效果，防止钨极烧损；焊接过程中特别要避免钨极直接触及熔池或焊丝。

3. 焊缝质量等级和检验原则

1) 在建钢结构工程

(1) 焊缝外观质量应符合表 4-1 的要求。

无疲劳验算要求的钢结构焊缝外观质量要求　　　　表 4-1

检验项目	焊缝质量等级		
	一级	二级	三级
裂纹	不允许	不允许	不允许
未焊满	不允许	≤0.2mm+0.02t 且 ≤1mm,每 100mm 长度焊缝内未焊满累积长度≤25mm	≤0.2mm+0.04t 且 ≤2mm,每 100mm 长度焊缝内未焊满累积长度≤25mm
根部收缩	不允许	≤0.2mm+0.02t 且≤1mm,长度不限	≤0.2mm+0.04t 且≤2mm,长度不限
咬边	不允许	≤0.05t 且 ≤0.5mm,连续长度≤100mm,且焊缝两侧咬边总长≤10%焊缝全长	≤0.1t 且≤1mm,长度不限
电弧擦伤	不允许	不允许	允许存在个别电弧擦伤
接头不良	不允许	缺口深度≤0.05t 且 ≤0.5mm,每 1000mm 长度焊缝内不得超过 1 处	缺口深度≤0.1t 且≤1mm,每 1000mm 长度焊缝内不得超过 1 处
表面气孔	不允许	不允许	每 50mm 长度焊缝内允许存在直径≤0.4t,且≤3mm 的气孔 2 个,孔距应≥6 倍孔径
表面夹渣	不允许	不允许	深度≤0.2t,长度≤0.5t 且≤20mm

注：t 为母材壁厚。

(2) T 形接头、十字接头、角接接头等要求焊透的对接和角接组合焊缝（图 4-1），其加强焊脚尺寸 h_k 不应小于 $t/4$ 且不大于 10mm,其允许偏差为 0~4mm。

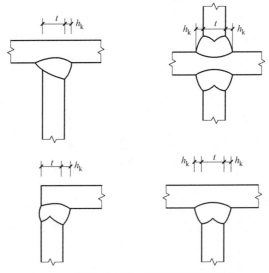

图 4-1　对接和角接组合焊缝焊脚外形尺寸

(3) 对接焊缝及完全熔透组合焊缝尺寸允许偏差和部分焊透焊缝及角焊缝外形尺寸允许偏差应符合现行国家标准《钢结构工程施工质量验收标准》GB 50205—2020 表 5.2.8

的规定。

(4) 栓钉焊接接头的外观质量应符合专门要求。外观质量检验合格后应进行打弯抽样检查。

2) 既有钢结构工程

(1) 焊缝外观质量评定标准

焊缝外观质量检验应符合现行国家标准《钢结构工程施工质量验收标准》GB 50205—2020 表 5.2.7-1 和表 5.2.7-2 的规定。

检查数量：承受静荷载的二级焊缝每批同类构件抽查 10%，承受静荷载的一级焊缝和承受动荷载的焊缝每批同类构件抽查 15%，且不应少于 3 件；被抽查构件中，每一类型焊缝应按条数抽查 5%，且不应少于 1 条，每条应抽查 1 处，总抽查数不应少于 10 处。

检验方法：焊缝外观质量检测应采用目测方式，裂纹的检查应辅以 5 倍放大镜并在合适的光照条件下进行检测，必要时，可采用磁粉探伤或渗透探伤；焊缝尺寸应用焊缝检验尺等专用工具进行测量，当有疲劳验算要求时，采用渗透或磁粉探伤检查。

(2) 焊缝内在质量评定

一级、二级焊缝的内在质量等级应符合现行国家标准《钢结构工程施工质量验收标准》GB 50205—2020，即表 4-2 的规定。

一级、二级焊缝质量等级及无损检测要求　　　　表 4-2

焊缝质量等级		一级	二级
内部缺陷超声波探伤	缺陷评定等级	Ⅱ	Ⅲ
	检验等级	B 级	B 级
	检测比例	100%	20%
内部缺陷射线探伤	缺陷评定等级	Ⅱ	Ⅲ
	检验等级	B 级	B 级
	检测比例	100%	20%

注：二级焊缝检测比例的计数方法应按以下原则确定：工厂制作焊缝按照焊缝长度计算百分比，且探伤长度不小于 200mm；当焊缝长度小于 200mm 时，应对整条焊缝探伤；现场安装焊缝应按照同一类型、同一施焊条件的焊缝条数计算百分比，且不应少于 3 条焊缝。

(3) 焊缝质量检测评定其他注意事项

① 严重腐蚀的焊缝，应检测并记录焊缝截面的腐蚀程度，剩余焊缝的长度、高度，焊缝承载能力分析应考虑其影响；

② 当焊缝截面严重腐蚀削弱时，除考虑截面损失对承载能力的影响之外，还应考虑焊缝受力条件改变可能产生的不利影响；

③ 焊缝的强度和构造等级，应根据实际检测的焊缝几何尺寸、构造形式、工作状态和质量，进行计算和评定；

④ 焊缝连接的安全性与耐久性评定应符合现行国家标准《高耸与复杂钢结构检测与鉴定标准》GB 51008 的规定；

⑤ 质量和构造不符合现行规范要求的焊缝直接认定为失效焊缝。

4. 焊缝近表面裂缝检测

1) 焊缝磁粉检测概述

(1) 磁粉检测的基本概念

磁粉检测是以磁粉作显示介质对缺陷进行观察的方法。根据磁化时施加的磁粉介质种类，检测方法分为湿法和干法；按照工件上施加磁粉的时间，检验方法分为连续法和剩磁法。

铁磁性材料工件被磁化后，由于存在不连续性，使工件表面和近表面的磁力线发生局部畸变而产生漏磁场，吸附施加在工件表面的磁粉，在合适的光照下形成目视可见的磁痕，从而显示出不连续性的位置、大小、形状和严重程度。又称磁粉检验或磁粉探伤，属于无损检测的五大常规方法之一。

磁粉检测只能用于检测铁磁性材料的表面或近表面的缺陷，由于不连续的磁痕堆集于被检测表面上，所以能直观地显示出不连续的形状、位置和尺寸，并可大致确定其性质。磁粉检测的灵敏度可检出的不连续宽度可达到 $0.1\mu m$。综合使用多种磁化方法，磁粉检测几乎不受工件大小和几何形状的影响，能检测出工件各个方向的缺陷。

磁粉悬浮在油、水或其他液体介质中使用称为湿法，它是在检测过程中，将磁悬液均匀分布在工件表面上，利用载液的流动和漏磁场对磁粉的吸引，显示出缺陷的形状和大小。湿法检测中，由于磁悬液的分散作用及悬浮性能，可采用的磁粉颗粒较小。因此，它具有较高的检测灵敏度，特别适用于检测表面微小缺陷，例如疲劳裂纹、磨削裂纹等。湿法经常与固定式设备配合使用，也与移动和便携式设备并用。用于湿法的磁悬液可以循环使用。

干法又称干粉法，在一些特殊场合下，不能采用湿法进行检测时，采用特制的干磁粉按程序直接施加在磁化的工件上，工件的缺陷处即显示出磁痕。干法检测多用于大型铸、锻件毛坯及大型结构件、焊接件的局部区域检查，通常与便携式设备配合使用。

(2) 连续法和剩磁法

① 连续法：连续法又称附件磁场法或现磁法，是在外加磁场作用下，将磁粉或磁悬液施加到工件上进行磁粉探伤。对工件的观察和评价可在外磁场作用下进行，也可在中断磁场后进行。

② 剩磁法：剩磁法是先将工件进行磁化，然后在工件上浇浸磁悬液，待磁粉聚集后再进行观察。这是利用材料剩余磁性进行检测的方法，故称为剩磁法。

(3) 磁粉探伤

用磁粉显示的称为磁粉探伤，因它显示直观、操作简单，人们乐于使用，故它是最常用的方法之一。

(4) 漏磁探伤

不用磁粉显示的，习惯上称为漏磁探伤，它常借助于感应线圈、磁敏管、霍尔元件等来反映缺陷，它比磁粉探伤更卫生，但不如前者直观。由于磁力探伤主要用磁粉来显示缺陷，因此，人们有时把磁粉探伤直接称为磁力探伤，其设备称为磁力探伤设备。

(5) 磁粉检测的适用范围

① 适用于检测铁磁性材料表面和近表面缺陷，例如：表面和近表面间隙极窄的裂纹和目视难以看出的其他缺陷。不适合检测埋藏较深的内部缺陷。

② 适用于检测铁镍基铁磁性材料，例如：马氏体不锈钢和沉淀硬化不锈钢材料。不适用于检测非磁性材料，例如：奥氏体不锈钢材料。

③ 适用于检测未加工的原材料（如钢坯）和加工的半成品、成品件及在役与使用过的工件。

④ 适用于检测管材、棒材、板材、型材和锻钢件、铸钢件及焊接件。

⑤ 适用于检测工件表面和近表面的延伸方向与磁力线方向尽量垂直的缺陷，但不适用于检测延伸方向与磁力线方向夹角小于20°的缺陷。

⑥ 适用于检测工件表面和近表面较小的缺陷，不适合检测浅而宽的缺陷。

(6) 磁粉检测的优缺点

优点：无损，操作简单方便，检测成本低，对铁磁性材料表面及近表面缺陷检测灵敏度高，是表面缺陷检测的首选方法。

缺点：对被检测件的表面光滑度要求高，对检测人员的技术和经验要求高，检测范围小，检测速度慢。

(7) 焊缝磁粉检测

① 抽样频率

有疲劳验算要求的钢结构二级焊缝每批同类构件抽查10%，一级焊缝每批同类构件抽查15%，且不应少于3件；被抽查构件中，每一类型焊缝应按条数抽查5%，且不应少于1条；每条应抽查1处，总抽查数不应少于10处。

② 检测依据

《钢结构工程施工质量验收标准》GB 50205；

《焊缝无损检测 磁粉检测》GB/T 26951；

《焊缝无损检测 焊缝磁粉检测 验收等级》GB/T 26952；

《钢结构现场检测技术标准》GB/T 50621。

（以下部分按照GB/T 50621—2010标准第5部分详细编写）

③ 磁粉检测的设备与器材

a. 磁粉探伤装置

磁粉探伤用磁轭装置应适合试件的形状、尺寸、表面状态，并满足对缺陷的检测要求，且应符合现行国家标准《无损检测 磁粉检测》GB/T 15822系列的技术要求。

b. 磁轭法检测装置

当极间距离为150mm、磁极与试件表面间隙为0.5mm时，其交流电磁轭提升力应大于45N，直流电磁轭提升力应大于177N。

线圈要求，对接管子和其他特殊试件焊缝的检测可采用线圈法、平行电缆法等。对于铸钢件可采用通过支杆直接通电的触头法，触头间距宜为75~200mm。

c. 磁悬液

磁悬液施加装置应能均匀地喷洒磁悬液到试件上。磁粉探伤仪的其他装置应符合现行国家标准《无损检测 磁粉检测 第3部分：设备》GB/T 15822.3的有关规定。

磁粉检测中的磁悬液可选用油剂或水剂作为载液。常用的油剂可选用无味煤油、变压器油、煤油与变压器油的混合液；常用的水剂可选用含有润滑剂、防锈剂、消泡剂等的水溶液。

在配制磁悬液时，应先将磁粉或磁膏用少量载液调成均匀状，再在连续搅拌中缓慢加入所需载液，应使磁粉均匀弥散在载液中，直至磁粉和载液达到规定比例。磁悬液的检验应按现行国家标准《无损检测 磁粉检测 第2部分：检测介质》GB/T 15822.2 规定的方法进行。

磁悬液中的磁粉浓度：一般非荧光磁粉为 10～25g/L，荧光磁粉为 1～2g/L。磁悬液的配置及检验，应符合现行国家标准《无损检测 磁粉检测 第2部分：检测介质》GB/T 15822.2 的规定。

用荧光磁悬液检测时，应采用荧光灯照射装置。当照射距离试件表面为380mm时，测定紫外线辐射强度不应小于 $10W/m^2$。

d. 照明要求

非荧光磁粉检测应采用自然日光或灯光，亮度应大于 500lx；荧光磁粉应使用黑光灯装置，照射距离试件表面在 380mm 时测定紫外线辐照度应大于 $1000\mu W/cm^2$，观察面亮度应小于 20lx。

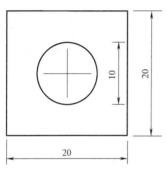

图 4-2 A 型灵敏度试片

e. 灵敏度试片

A 型灵敏度试片用 $100\mu m$ 厚的软磁材料制成，型号有 1号、2号、3号三种，其中人工槽深度分别为 15、30 和 $60\mu m$。A 型灵敏度试片中有圆形和十字形人工槽；几何尺寸如图 4-2 所示。

当使用 A 型灵敏度试片有困难时，可用 C 型灵敏度试片（直线刻槽试片）来代替。

C 型灵敏度试片其材质和 A 型灵敏度试片相同，其试片厚度为 $50\mu m$，人工槽深度为 $8\mu m$，几何尺寸如图 4-3 所示。

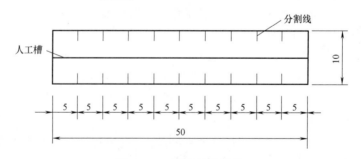

图 4-3 C 型灵敏度试片

在连续磁化法中使用的灵敏度试片，应将刻有人工槽的一侧与被检试件表面紧贴。可在灵敏度试片边缘用胶带粘贴，但胶带不得覆盖试片上的人工槽。

④ 检测步骤

磁粉检测步骤包括：预先准备、磁化、施加磁粉、磁痕观察与记录、后处理等。

预先准备应符合下列要求：

a. 对试件探伤面应进行处理，清除检测区域内试件上的附着物（油漆、油脂、涂料、焊接飞溅、氧化皮等），处理范围应由焊缝向母材方向延伸 20mm。

b. 选用磁悬液时，应根据试件表面的状况和试件使用要求，确定采用油剂载液还是水剂载液。

c. 根据现场条件、灵敏度要求,确定用荧光磁粉或非荧光磁粉。

d. 根据被测试件的形状、尺寸选定磁化方法。

磁化及磁粉施加应符合下列要求:

a. 磁化时,磁场方向应尽量与探测的缺陷方向垂直,与探伤面平行。

b. 当无法确定缺陷方向或有多个方向的缺陷时,应采用旋转磁场或采用两次不同方向的磁化。采用两次不同方向的磁化时,两次磁化方向之间应垂直。

c. 检测时,应先放置灵敏度试片在试件表面,检验磁场强度和方向以及操作方法是否正确。

d. 用磁检测时,应有重叠覆盖区,磁轭每次移动的重叠覆盖部分应在10~20mm之间。

e. 用触头法时,每次磁化的长度范围为75~200mm,检测时,应保持触头端干净,触头与被检表面接触应良好,电极下宜采用衬垫,避免触头烧灼损坏被检表面。

f. 探伤装置在被检部位放稳后才能接通电源,移去时应先断开电源。

g. 在施加磁悬液时,可先喷洒一遍磁悬液使被测部位表面湿润,在磁化时再次喷洒磁悬液。磁悬液一般应喷洒在行进方向的前方,磁化需一直持续到磁粉施加完成为止,形成的磁痕不能被流动的液体所破坏。

磁痕观察与记录应符合下列要求:

a. 磁痕的观察应在磁悬液施加形成磁痕后立即进行。

b. 非荧光磁粉的磁痕应在光线明亮处进行观察。采用荧光磁粉时,应使用黑光灯装置,并应在能识别荧光磁痕的亮度下进行观察。

c. 在观察时,应对磁痕进行分析判断,区分缺陷磁痕和非缺陷磁痕,当无法确定时,可采用其他探伤方法(如渗透法等)进行验证。

d. 可采用照相、绘图等方法记录缺陷的磁痕。

检测完成后,应按下列要求进行后处理:

a. 被检测构件因剩磁会影响使用性能时,应及时进行退磁。

b. 对被测部位表面进行清理工作,除去磁粉,并清洗干净,必要时应进行防锈处理。

⑤ 检测结果的评价

a. 磁粉检测可允许有线形缺陷和圆形缺陷存在。当缺陷磁痕为裂纹缺陷时,应直接评定为不合格。

b. 评定为不合格时,应对其进行返修,返修后应进行复检。返修复检部位应在检测报告的检测结果中标明。

c. 检测后应填写检测记录。

2) 焊缝表面渗透检测

(1) 渗透检测的基本概念

渗透检测(penetrant testing,缩写符号为PT),又称渗透探伤,是一种以毛细作用原理为基础的检查表面开口缺陷的无损检测方法。这种方法是五种常规无损检测方法(射线检测、超声波检测、磁粉检测、渗透检测、涡流检测)中的一种,是一门综合性科学技术。同其他无损检测方法一样,渗透检测也是以不损坏被检测对象的使用性能为前提,以物理、化学、材料科学及工程学理论为基础,对各种工程材料、零部件和产品进行有效的检验，借以评价它们的完整性、连续性及安全可靠性。渗透检测是产品制造中实现质量控制、节约原材料、改进工艺、提供劳动生产率的重要手段，也是设备维护中不可或缺的手段。着色渗透检测在特种设备行业及机械行业里应用广泛。特种设备行业包括锅炉、压力容器、压力管道等承压设备，以及电梯、起重机械、客运索道、大型游乐设施等机电设备。荧光渗透检测在航空、航天、兵器、舰艇、原子能等国防工业领域中应用特别广泛。

（2）渗透检测的适用范围及特点

渗透检测可广泛应用于检测大部分的非吸收性物料的表面开口缺陷，如钢铁、有色金属、陶瓷及塑料等，对于形状复杂的缺陷也可一次性全面检测。主要用于裂纹、白点、疏松、夹杂物等缺陷的检测，无需额外设备，对应用于现场检测来说，常使用便携式的灌装渗透检测剂，包括渗透剂、清洗剂和显像剂三种。渗透检测的缺陷显示很直观，能大致确定缺陷的性质，检测灵敏度较高，但检测速度慢，因使用的检测剂为化学试剂，对人的健康和环境有较大的影响。

渗透检测特别适合野外现场检测，因其可以不用水电。渗透检测虽然只能检测表面开口缺陷，但检测却不受工件几何形状和缺陷方向的影响，只需要进行一次检测就可以完成对缺陷的检测。

（3）基本原理及步骤

渗透检测是基于液体的毛细作用（或毛细现象）和固体染料在一定条件下的发光现象。渗透检测的工作原理是：工件表面被施涂含有荧光染料或者着色染料的渗透剂后，在毛细作用下，经过一定时间，渗透剂可以渗入表面开口缺陷中；去除工件表面多余的渗透剂，经过干燥后，再在工件表面施涂吸附介质——显像剂；同样在毛细作用下，显像剂将吸引缺陷中的渗透剂，即渗透剂回渗到显像剂中；在一定的光源下（黑光或白光），缺陷处的渗透剂痕迹被显示（黄绿色荧光或鲜艳红色），从而探测出缺陷的形貌及分布状态。

无论是哪种渗透检测方法，其步骤基本上是差不多的，主要包括以下几步：①预处理；②渗透；③清洗；④显像；⑤观察记录及评定；⑥后处理（图4-4）。

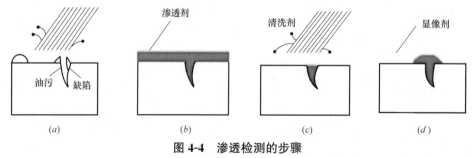

图4-4 渗透检测的步骤

(a) 预处理；(b) 渗透；(c) 清洗；(d) 显像

渗透检测的结果主要受到操作者的操作影响，所以进行渗透检测的人员一定要严格按照相关的工艺标准、规程及技术要求来进行操作，这样才能确保检测结果的可靠性。

（4）渗透检测的分类

① 根据渗透剂所含染料成分分类

根据渗透剂所含染料成分，渗透检测分为荧光渗透检测法、着色渗透检测法和荧光着色渗透检测法，简称为荧光法、着色法和荧光着色法三大类。渗透剂内含有荧光物质，缺陷图像在紫外线作用下能激发荧光的为荧光法。渗透剂内含有有色染料，缺陷图像在白光或日光下显色的为着色法。荧光着色法兼备荧光和着色两种方法的特点，缺陷图像在白光或日光下能显色，在紫外线下又能激发出荧光。

② 根据渗透剂去除方法分类

根据渗透剂去除方法，渗透检测分为水洗型、后乳化型和溶剂去除型三大类。水洗型渗透法是渗透剂内含有一定量的乳化剂，工件表面多余的渗透剂可以直接用水洗掉。有的渗透剂虽不含乳化剂，但溶剂是水，即水基渗透剂，工件表面多余的渗透剂也可直接用水洗掉，它也属于水洗型渗透法。后乳化型渗透法的渗透剂不能直接用水从工件表面洗掉，必须增加一道乳化工序，即工件表面上多余的渗透剂要用乳化剂"乳化"后方能用水洗掉。溶剂去除型渗透法是用有机溶剂去除工件表面多余的渗透剂。

③ 根据显像剂类型分类

根据显像剂类型，渗透检测分为干式显像法、湿式显像法两大类。干式显像法是以白色微细粉末作为显像剂，施涂在清洗并干燥后的工件表面上。湿式显像法是将显像粉末悬浮于水中（水悬浮显像剂）或溶剂中（溶剂悬浮显像剂），也可将显像粉末溶解于水中（水溶性显像剂）。此外，还有塑料薄膜显像法；也有不使用显像剂，实现自显像的。

（5）渗透检测的优缺点

渗透检测可以检测（钢、耐热合金、铝合金、镁合金、铜合金）和非金属（陶瓷、塑料）工件的表面开口缺陷，例如，裂纹、疏松、气孔、夹渣、冷隔、折叠和氧化斑疤等。这些表面开口缺陷，特别是细微的表面开口缺陷，一般情况下，直接目视检查是难以发现的。渗透检测不受被控工件化学成分限制。渗透检测可以检查磁性材料，也可以检查非磁性材料；可以检查黑色金属，也可以检查有色金属，还可以检查非金属。渗透检测不受被检工件结构限制。渗透检测可以检查焊接件或铸件，也可以检查压延件和锻件，还可以检查机械加工件。渗透检测不受缺陷形状（线性缺陷或体积型缺陷）、尺寸和方向的限制。只需要一次渗透检测，即可同时检查开口于表面的所有缺陷。

但是，渗透检测无法或难以检查多孔的材料，例如粉末冶金工件；也不适用于检查因外来因素造成开口或堵塞的缺陷，例如工件经喷丸处理或喷砂，则可能堵塞表面缺陷的"开口"，难以定量地控制检测操作质量，多凭检测人员的经验、认真程度和视力的敏锐程度。

（6）渗透检测

① 抽样频率

有疲劳验算要求的钢结构二级焊缝每批同类构件抽查10%，一级焊缝每批同类构件抽查15%，且不应少于3件；被抽查构件中，每一类型焊缝应按条数抽查5%，且不应少于1条；每条应抽查1处，总抽查数不应少于10处。

② 检测依据

《钢结构工程施工质量验收标准》GB 50205；

《钢结构现场检测技术标准》GB/T 50621；

《焊缝无损检测 焊缝渗透检测 验收等级》GB/T 26953。

（以下部分按照GB/T 50621—2010标准第6部分详细编写）

③ 渗透检测用试剂与器材

a. 渗透剂、清洗剂、显像剂等渗透检测剂的质量应符合现行行业标准《无损检测 渗透检测用材料》JB/T 7523 的有关规定，并宜采用成品套装喷罐式渗透检测剂。采用喷罐式渗透检测剂时，其喷罐表面不得有锈蚀，喷罐不得出现泄漏。应使用同一厂家生产的同一系列配套渗透检测剂，不得将不同种类的检测剂混合使用。

b. 现场检测宜采用非荧光着色渗透检测，渗透剂可采用喷罐式的水洗型或溶剂去除型，显像剂可采用快干式的湿显像剂。

c. 渗透检测应配备铝合金试块（A 型对比试块）和不锈钢镀铬试块（B 型灵敏度试块），其技术要求应符合现行行业标准《无损检测 渗透试块通用规范》JB/T 6064 的有关规定。

d. 试块的选用应符合下列规定：

当进行不同渗透检测剂的灵敏度对比试验、同种渗透检测剂在不同环境温度条件下的灵敏度对比试验时，应选用铝合金试块（A 型对比试块）；

当检验渗透检测剂系统灵敏度是否满足要求及操作工艺正确性时，应选用不锈钢镀铬试块（B 型灵敏度试块）。

试块灵敏度的分级应符合下列规定：

当采用不同灵敏度的渗透检测剂系统进行渗透检测时，不锈钢镀铬试块（B 型灵敏度试块）上可显示的裂纹区号应符合表 4-3 的规定。

不同灵敏度等级下显示的裂纹区号　　　　　　　　　　　　　　表 4-3

检测系统的灵敏度	显示的裂纹区号	检测系统的灵敏度	显示的裂纹区号
低	2～3	高	4～5
中	3～4		

不锈钢镀铬试块（B 型灵敏度试块）裂纹区的长径显示尺寸应符合表 4-4 的规定。

不锈钢镀铬试块裂纹区的长径显示尺寸　　　　　　　　　　　　表 4-4

裂纹区号	1	2	3	4	5
裂纹长径(mm)	5.5～6.5	3.7～4.5	2.7～3.5	1.6～2.4	0.8～1.6

e. 检测灵敏度等级的选择应符合下列规定：

焊缝及热影响区应采用"中灵敏度"检测，使其在不锈钢镀铬试块（B 型灵敏度试块）中可清晰显示"3～4"号裂纹；

焊缝母材机加工坡口、不锈钢工件应采用"高灵敏度"检测，使其在不锈钢镀铬试块（B 型灵敏度试块）中可清晰显示"4～5"号裂纹。

④ 检测步骤

a. 渗透检测应按照预处理、施加渗透剂、去除多余渗透剂、干燥、施加显像剂、观察与记录、后处理等步骤进行。

b. 预处理应符合下列规定：

对检测面上的铁锈、氧化皮、焊接飞溅物、油污以及涂料应进行清理。应清理从检测部位边缘向外扩展 30mm 的范围；机械加工检测面的表面粗糙度不宜大于 12.5μm，非机械加工检测面的粗糙度不得影响检测结果。

对清理完毕的检测面应进行清洗；检测面应充分干燥后，方可施加渗透剂。

c. 施加渗透剂时，可采用喷涂、刷涂等方法，使被检测部位完全被渗透剂所覆盖。在环境及工件温度为 10～50℃ 的条件下，保持湿润状态不应少于 10min。

d. 去除多余渗透剂时，可先用无绒洁净布进行擦拭。在擦除检测面上大部分多余的渗透剂后，再用蘸有清洗剂的纸巾或布在检测面上朝一个方向擦洗，直至将检测面上残留渗透剂全部擦净。

e. 清洗处理后的检测面，经自然干燥或用布、纸擦干或用压缩空气吹干。干燥时间宜控制在 5～10min 之间。

f. 宜使用喷罐型的快干湿式显像剂进行显像。使用前应充分摇动，喷嘴宜控制在距检测面 300～400mm 处进行喷涂，喷涂方向宜与被检测面成 30°～40° 的夹角，喷涂应薄而均匀，不应在同一处多次喷涂，不得将湿式显像剂倾倒至被检面上。

g. 迹痕观察与记录应按下列要求进行：
a) 施加显像剂后宜停留 7～30min 后，方可在光线充足的条件下观察迹痕显示情况；
b) 当检测面较大时，可分区域检测；
c) 对细小迹痕，可用 5～10 倍放大镜进行观察；
d) 缺陷的迹痕可采用照相、绘图、粘贴等方法记录。

h. 检测完成后，应将检测面清理干净。

⑤ 检测结果的评价

a. 渗透检测可允许有线形缺陷和圆形缺陷存在。当缺陷迹痕为裂纹缺陷时，应直接评定为不合格。

b. 评定为不合格时，应对其进行返修。返修后应进行复检。返修复检部位应在检测报告的检测结果中标明。

c. 检测后应填写检测记录。

5. 焊缝内部缺陷检测

对接焊缝内部质量检测，可采用超声波无损检测法。必要时，可采用射线探伤检测。

1）超声波焊缝探伤

（1）超声波焊缝探伤的基本概念

超声波探伤是利用超声能透入金属材料的深处，并由一截面进入另一截面时，在界面边缘发生反射的特点来检查零件缺陷的一种方法，当超声波束自零件表面由探头通至金属内部，遇到缺陷与零件底面时就分别发生反射波，在荧光屏上形成脉冲波形，根据这些脉冲波形来判断缺陷位置和大小。

脉冲反射探伤法通常用于锻件、焊缝等的检测。可发现工件内部较小的裂纹、夹渣、缩孔、未焊透等缺陷。被检测物要求形状较简单，并有一定的表面光洁度。为了成批地快速检查管材、棒材、钢板等型材，可采用配备有机械传送、自动报警、标记和分选装置的超声探伤系统。除探伤外，超声波还可用于测定材料的厚度，使用较广泛的是数字式超声测厚仪，其原理与脉冲回波探伤法相同，可用来测定化工管道、船体钢板等易腐蚀物件的厚度。利用超声波在材料中的声速、衰减或共振频率可测定金属材料的晶粒度、弹性模量（见拉伸试验）、硬度、内应力、钢的淬硬层深度、球墨铸铁的球化程度等。此外，穿透式超声法在检验纤维增强塑料和蜂窝结构材料方面的应用也已日益广泛。超声全息成像技术也在某些方面得到应用。

超声波在介质中传播时有多种波型，检验中最常用的为纵波、横波、表面波和板波。用纵波可探测金属铸锭、坯料、中厚板、大型锻件和形状比较简单的制件中所存在的夹杂物、裂缝、缩管、白点、分层等缺陷；用横波可探测管材中的周向和轴向裂缝、划伤、焊缝中的气孔、夹渣、裂缝、未焊透等缺陷；用表面波可探测形状简单的铸件上的表面缺陷；用板波可探测薄板中的缺陷。

根据耦合方式，超声检测分为直接接触法和液浸法。

采用直接接触法进行超声检测，需要在探头和工件待检测面之间涂以很薄的耦合剂，以改善探头与检测面之间声波的传导。液浸法是将探头和工件全部或部分浸于液体中，以液体作为耦合剂，声波通过液体进入工件进行检测的方法。

直接接触法主要采用 A 型显示脉冲反射法工作原理，操作方便、检测图形简单、判断容易和灵敏度高，在实际生产中得到了最广泛的应用。

（2）超声波无损检测

① 抽样频率

一级焊缝检测比例为 100%，二级焊缝检测比例为 20%。其中，二级焊缝检测比例的计数方法应按以下原则确定：工厂制作焊缝按照焊缝长度计算百分比，且探伤长度不小于 200mm；当焊缝长度小于 200mm 时，应对整条焊缝探伤；现场安装焊缝应按照同一类型、同一施焊条件的焊缝条数计算百分比，且不应少于 3 条焊缝。

② 检测依据

《钢结构工程施工质量验收标准》GB 50205；

《焊缝无损检测 超声检测 技术、检测等级和评定》GB/T 11345；

《焊缝无损检测 超声检测 验收等级》GB/T 29712；

《钢结构超声波探伤及质量分级法》JG/T 203；

《钢结构现场检测技术标准》GB/T 50621。

（以下部分按照 GB/T 50621—2010 标准第 7 部分详细编写）

③ 超声波检测的设备与器材

a. 模拟式和数字式的 A 型脉冲反射式超声仪的主要技术指标应符合表 4-5 的规定。

A 型脉冲反射式超声仪的主要技术指标　　　　表 4-5

仪器部件	项目	技术指标
超声仪主机	工作频率	2~5MHz
	水平线性	≤1%
	垂直线性	≤5%
	衰减器或增益器总调节量	≥80dB
	衰减器或增益器每档步进量	≤2dB
	衰减器或增益器任意 12dB 内误差	≤±1dB
探头	声束轴线水平偏离角	≤2°
	折射线偏差	≤2°
	前沿偏差	≤1mm

续表

仪器部件	项目	技术指标
超声仪主机与探头系统	在达到所需最大检测声程时,其有效灵敏度余量	≥10dB
	远场分辨率	直探头：≥30dB 斜探头：≥6dB

b. 超声仪、探头及系统性能的检查应按现行行业标准《无损检测 A 型脉冲反射式超声检测系统工作性能测试方法》JB/T 9214 规定的方法测试，其周期检查项目及时间应符合表 4-6 的规定。

超声仪、探头及系统性能的周期检查项目及时间　　　　表 4-6

检查项目	检查时间
前沿距离	开始使用及每隔 5 个工作日
折射角或 K 值	
偏离角	
灵敏度余量	开始使用、修理后及每隔 1 个月
分辨率	
超声仪的水平线性	开始使用、修理后及每隔 3 个月
超声仪的垂直线性	

c. 探头的选择应符合下列规定：

a）纵波直探头的晶片直径宜在 10～20mm 范围内，频率宜为 1.0～5.0MHz。

b）横波斜探头应选用在钢中的折射角为 45°、60°、70°或 K 值为 1.0、1.5、2.0、2.5、3.0 的横波斜探头，其频率宜为 2.0～5.0MHz。

c）纵波双晶探头两晶片之间的声绝缘应良好，且晶片的面积不应小于 150mm^2。

d）探伤面与斜探头的折射角 β（或 K 值）应根据材料厚度、焊缝坡口形式等因素选择，检测不同板厚所用探头角度宜按表 4-7 选取。

不同板厚所用探头角度　　　　表 4-7

板厚 δ（mm）	检验等级			探伤法	推荐的折射角 β（K 值）
	A 级	B 级	C 级		
8～25	单面单侧	单面双侧或双面单侧		直射法及一次反射法	70°（K2.5）
25～50					70°或 60°（K2.5 或 K2.0）
50～100	—			直射法	45°或 60°并用或 45°和 70°并用 （K1.0 和 K2.0 并用或 K1.0 和 K2.5 并用）
>100	—	双面双侧			45°和 60°并用 （K1.0 和 K2.0 并用）

d. 标准试块的形状和尺寸应与图 4-5 相符。标准试块的制作技术要求应符合现行行业标准《无损检测 超声试块通用规范》JB/T 8428 的有关规定。

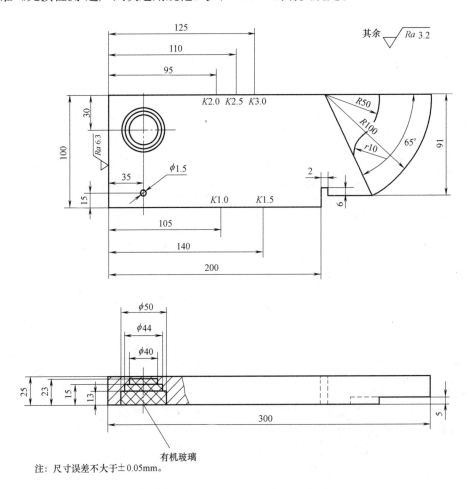

图 4-5 标准试块的形状和尺寸（mm）

e. 对比试块的形状和尺寸应与表 4-8 相符。对比试块应采用与被检测材料相同或声学特性相近的钢材制成。

对比试块的形状和尺寸（mm）　　　　　　表 4-8

代号	适用板厚 δ	对比试块
RB-1	8~25	

续表

代号	适用板厚 δ	对比试块
RB-2	8～10	
RB-3	8～150	

注：1. 尺寸公差±0.1mm；
   2. 各边垂直度不大于0.1；
   3. 表面粗糙度不大于6.3μm；
   4. 标准孔与加工面的平行度不大于0.05。

④ 检测步骤

a. 检测前，应对超声仪的主要技术指标（如斜探头入射点、斜率 K 值或角度）进行检查确认；应根据所测工件的尺寸调整仪器的基线，并应绘制距离—波幅（DAC）曲线。

b. 距离—波幅（DAC）曲线应由选用的仪器、探头系统在对比试块上的实测数据绘制而成。当探伤面曲率半径 R 小于等于 $W^2/4$ 时，距离—波幅（DAC）曲线的绘制应在曲面对比试块上进行。距离—波幅（DAC）曲线的绘制应符合下列要求：

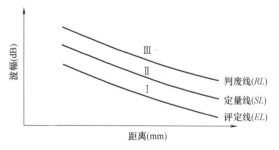

图 4-6　距离—波幅曲线示意图

绘制成的距离—波幅曲线（图 4-6）应由评定线 EL、定量线 SL 和判废线 RL 组成。评定线与定量线之间（包括定量线）的区域规定为Ⅱ区，判废线及其以上区域规定为Ⅲ区。

不同检验等级所对应的灵敏度要求应符合表 4-9 的规定。表中的 DAC 应以 φ3 横通孔作为标准反射体绘制。在满足被检工件最大测试厚度的整个范围内绘制的距离—波幅曲线在探伤仪荧光屏上的高度不得低于满刻度的20%。

距离—波幅曲线的灵敏度　　　　　　　　　　　　　　　　　　　表 4-9

检验等级 板厚（mm） 距离—波幅曲线	A 级	B 级	C 级
	8～50	8～300	8～300
判废线	DAC	DAC-4dB	DAC-2dB
定量线	DAC-10dB	DAC-10dB	DAC-8dB
评定线	DAC-16dB	DAC-16dB	DAC-14dB

c. 超声波检测应包括探测面的修整、涂抹耦合剂、探伤作业、缺陷的评定等步骤。

d. 检测前应对探测面进行修整或打磨，清除焊接飞溅、油垢及其他杂质，表面粗糙度不应超过 6.3μm。当采用一次反射或串列式扫查检测时，一侧修整或打磨区域宽度应大于 $2.5K\delta$；当采用直射检测时，一侧修整或打磨区域宽度应大于 $1.5K\delta$。

e. 应根据工件的不同厚度选择仪器的基线水平、深度或声程的调节。当探伤面为平面或曲率半径 R 大于 $W^2/4$ 时，可在对比试块上进行对基线的调节；当探伤面曲率半径 R 小于等于 $W^2/4$ 时，探头楔块应磨成与工作曲面相吻合的形状，反射体的布置可参照对比试块确定，试块宽度应按下式进行计算：

$$b \geqslant 2\lambda S/D_e \tag{4-1}$$

式中　b——试块宽度（mm）；

　　　λ——波长（mm）；

　　　S——声程（mm）；

　　　D_e——声源有效直径（mm）。

f. 当受检工件的表面耦合损失及材质衰减与试块不同时，宜考虑表面补偿或材质补偿。

g. 耦合剂应具有良好的透声性和适宜的流动性，不应对材料和人体有损伤作用，同时应便于检测后清理。当工件处于水平面上检测时，宜选用液体类耦合剂；当工件处于竖立面检测时，宜选用糊状耦合剂。

h. 探伤灵敏度不应低于评定线灵敏度。扫查速度不应大于 150mm/s，相邻两次探头移动区域应保持有探头宽度 10% 的重叠。在查找缺陷时扫查方式可选用锯齿形扫查、斜平行扫查和平行扫查。为了确定缺陷的位置、方向、形状、观察缺陷动态波形，可采用前后、左右、转角、环绕等四种探头扫查方式。

i. 对所有反射波幅超过定量线的缺陷，均应确定其位置、最大反射波幅所在区域和缺陷指示长度。缺陷指示长度的测定可采用以下两种方法：

a) 当缺陷反射波只有一个高点时，宜用降低 6dB 相对灵敏度法测定其长度；

b) 当缺陷反射波有多个高点时，则宜以缺陷两端反射波极大值之处的波高降低 6dB 之间探头的移动距离，作为缺陷的指示长度（图 4-7）。

c) 当缺陷反射波在 Ⅰ 区未达到定量线，如探伤者认为有必要记录时，可将探头左右移动，使缺陷反射波幅降低到评定线，以此测定缺陷的指示长度。

j. 在确定缺陷类型时，可将探头对准缺陷作平动和转动扫查，观察波形的相应变化，

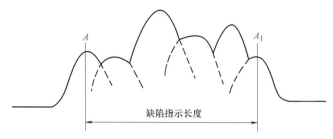

图 4-7　端点峰值测量法

并可结合操作者的工程经验作出判断。

⑤ 数据处理及检测结果的评价

a. 最大反射波幅位于 DAC 曲线 Ⅱ 区的非危险性缺陷，其指示长度小于 10mm 时，可按 5mm 计。

b. 在检测范围内，相邻两个缺陷间距不大于 8mm 时，两个缺陷指示长度之和作为单个缺陷的指示长度；相邻两个缺陷间距大于 8mm 时，两个缺陷分别计算各自指示长度。

c. 最大反射波幅位于 Ⅱ 区的非危险性缺陷，可根据缺陷指示长度 ΔL 进行评级。不同检验等级，不同焊缝质量评定等级的缺陷指示长度限值应符合表 4-10 的规定。

d. 最大反射波幅不超过评定线（未达到 Ⅰ 区）的缺陷应评为 Ⅰ 级。

e. 最大反射波幅超过评定线，但低于定量线的非裂纹类缺陷应评为 Ⅰ 级。

f. 最大反射波幅超过评定线的缺陷，检测人员判定为裂纹等危害性缺陷时，无论其波幅和尺寸如何均应评定为 Ⅳ 级。

g. 除了非危险性的点状缺陷外，最大反射波幅位于 Ⅲ 区的缺陷，无论其指示长度如何，均应评定为 Ⅳ 级。

h. 不合格的缺陷应进行返修，返修部位及热影响区应重新进行检测与评定。

焊缝质量评定等级的缺陷指示长度限值（mm）　　　表 4-10

检验等级 板厚（mm） 评定等级	A 级	B 级	C 级
	8～50	8～300	8～300
Ⅰ	$2\delta/3$，最小 12	$\delta/3$，最小 10，最大 30	$\delta/3$，最小 10，最大 20
Ⅱ	$3\delta/4$，最小 12	$2\delta/3$，最小 12，最大 50	$\delta/2$，最小 10，最大 30
Ⅲ	δ，最小 20	$3\delta/4$，最小 16，最大 75	$2\delta/3$，最小 12，最大 50
Ⅳ	超过 Ⅲ 级者		

注：焊缝两侧母材厚度 δ 不同时，取较薄侧母材厚度。

2）焊缝内部射线探伤检测

(1) 射线探伤检测的基本概念

所谓射线探伤是利用某种射线来检查焊缝内部缺陷的一种方法。常用的射线有 X 射线和 γ 射线两种。X 射线和 γ 射线能不同程度地透过金属材料，对照相胶片产生感光作用。利用这种性能，当射线通过被检查的焊缝时，因焊缝缺陷对射线的吸收能力不同，使射线落在胶片上的强度不一样，胶片感光程度也不一样，这样就能准确、可靠、非破坏性地显示缺陷的形状、位置和大小。

X射线透照时间短、速度快，检查厚度小于30mm时，显示缺陷的灵敏度高，但设备复杂、费用大，穿透能力比γ射线小。γ射线能透照300mm厚的钢板，透照时不需要电源，方便野外工作，环缝时可一次曝光，但透照时间长，不宜用于小于50mm构件的透照。作为五大常规无损检测方法之一的射线探伤，在工业上有着非常广泛的应用，它既用于金属检查，也用于非金属检查。对金属内部可能产生的缺陷，如气孔、针孔、夹杂、疏松、裂纹、偏析、未焊透和未熔合等，都可以用射线检查。应用的行业有特种设备、航空航天、船舶、兵器、水工成套设备和桥梁钢结构。

(2) 射线探伤的基本原理

当强度均匀的射线束透照物体时，如果物体局部区域存在缺陷或结构存在差异，它将改变物体对射线的衰减，使得不同部位透射射线强度不同，这样，采用一定的检测器（例如，射线照相中采用胶片）检测透射射线强度，就可以判断物体内部的缺陷和物质分布等。

射线探伤常用的方法有X射线探伤、γ射线探伤、高能射线探伤和中子射线探伤。对于常用的工业射线探伤来说，一般使用的是X射线探伤、γ射线探伤。

射线对人体具有辐射生物效应，危害人体健康。探伤作业时，应遵守有关安全操作规程，采取必要的防护措施。X射线探伤装置的工作电压高达数万伏乃至数十万伏，作业时应注意高压的危险。利用X射线或γ射线在穿透被检物各部分时强度衰减的不同，检测被检物中的缺陷，是一种无损检测方法。

原理：被测物体各部分的厚度或密度因缺陷的存在而有所不同。当X射线或γ射线在穿透被检物时，射线被吸收的程度也将不同。若将受到不同程度吸收的射线投射在X射线胶片上，经显影后可得到显示物体厚度变化和内部缺陷情况的照片（X射线底片）。这种方法称为X射线照相法。如用荧光屏代替胶片直接观察被检物体，称为透视法。如用光敏元件逐点测定透过后的射线强度而加以记录或显示，则称为仪器测定法。

(3) 射线探伤的分类

工业上常用的射线探伤方法为X射线探伤和γ射线探伤。指使用电磁波对金属工件进行检测，同X射线透视类似。射线穿过材料到达底片，会使底片均匀感光；如果遇到裂缝、洞孔以及夹渣等缺陷，一般将会在底片上显示出暗影区来。这种方法能检测出缺陷的大小和形状，还能测定材料的厚度。

X射线是在高真空状态下用高速电子冲击阳极靶而产生的。γ射线是放射性同位素在原子蜕变过程中放射出来的。两者都是具有高穿透力、波长很短的电磁波。不同厚度的物体需要用不同能量的射线来穿透，因此要分别采用不同的射线源。例如，由X射线管发出的X射线（当电子的加速电压为400kV时），放射性同位素60Co所产生的γ射线和由20MeV直线加速器所产生的X射线，能穿透的最大钢材厚度分别约为90、230和600mm。

工业射线照相探伤中使用的低能X射线机，简单地说是由四部分组成：射线发生器（X射线管）、高压发生器、冷却系统、控制系统。当各部分独立时，高压发生器与射线发生器之间应采用高压电缆连接。

X射线机通常分为三类，便携式X射线机、移动式X射线机、固定式X射线机（图4-8）。

图 4-8 X 射线机

便携式 X 射线机采用组合式射线发生器，其 X 射线管、高压发生器、冷却系统共同安装在一个机壳中，也简单地称为射线发生器，在射线发生器中充满绝缘介质。整机由两个单元构成，即控制器和射线发生器，它们之间由低压电缆连接。在射线发生器中所充的绝缘介质，较早时为高抗电强度的变压器油，其抗电强度应不小于 30~50kV/2.5mm。

γ 射线机用放射性同位素作为 γ 射线源辐射 γ 射线，它与 X 射线机的一个重要不同是 γ 射线源始终都在不断地辐射 γ 射线，而 X 射线机仅仅在开机并加上高压后才产生 X 射线，这就使 γ 射线机的结构具有了不同于 X 射线机的特点。γ 射线是由放射性元素激发，能量不变，强度不能调节，只随时间成指数倍减小。

将 γ 射线探伤机分为三种类型：手提式、移动式、固定式。手提式 γ 射线机轻便，体积小、重量小，便于携带，使用方便。但从辐射防护的角度，其不能装备能量高的 γ 射线源。

γ 射线机主要由五部分构成：源组件（密封 γ 射线源）、源容器（主机体）、输源（导）管、驱动机构和附件。

① 穿透性：X 射线能穿透一般可见光所不能透过的物质。其穿透能力的强弱，与 X 射线的波长以及被穿透物质的密度和厚度有关。X 射线波长愈短，穿透力就愈大；密度愈小，厚度愈薄，则 X 射线愈易穿透。在实际工作中，通过球管的电压伏值（kV）的大小来确定 X 射线的穿透性（即 X 射线的质），而以单位时间内通过 X 射线的电流（mA）与时间的乘积代表 X 射线的量。

② 电离作用：X 射线或其他射线（例如 γ 射线）通过物质被吸收时，可使组成物质的分子分解成为正负离子，称为电离作用，离子的多少和物质吸收的 X 射线量成正比。通过空气或其他物质产生电离作用，利用仪表测量电离的程度就可以计算 X 射线的量。检测设备正是由此来实现对零件探伤检测的。X 射线还有其他作用，如感光、荧光作用等。

射线探伤要用放射源或射线装置发出射线，操作不慎会导致人员受到辐射伤害。操作人员应做好辐射防护，并注意放射源的妥善保存。

（4）射线探伤检测

① 抽样频率

一级焊缝检测比例为100%,二级焊缝检测比例为20%。其中,二级焊缝检测比例的计数方法应按以下原则确定:工厂制作焊缝按照焊缝长度计算百分比,且探伤长度不小于200mm;当焊缝长度小于200mm时,应对整条焊缝探伤;现场安装焊缝应按照同一类型、同一施焊条件的焊缝条数计算百分比,且不应少于3条焊缝。

② 检测依据

在检测现场周边区域采取相应的防护措施。射线检测可按现行国家标准《焊缝无损检测 射线检测 第1部分:X和伽玛射线的胶片技术》GB/T 3323.1的有关规定执行。

《钢结构工程施工质量验收标准》GB 50205。

(以下部分按GB/T 3323.1—2019的内容进行补充)

③ 射线检测的设备与器材

a. 射线源

射线检测用射线源一般采用X射线探伤仪或放射性同位素γ射线源(铱-192射线源或钴-60射线源),X射线和γ射线对人体健康会造成极大危害,无论使用何种射线装置,都应具备必要的防护设施,以避免射线的直接或间接伤害。

射线照相的辐射防护应遵循《电离辐射防护与辐射源安全基本标准》GB 18871及相关各级安全防护法规的规定。

b. 射线探伤胶片

射线探伤用胶片一般采用双面涂布感光乳剂层的胶片,胶片分为两种类型:增感型胶片;非增感型胶片(直接型胶片),选用的胶片应满足射线探伤的技术要求。

c. 观片灯

观片灯的亮度要求应符合现行国家标准《无损检测 工业射线照相观片灯 最低要求》GB/T 19802的规定,当黑度$D \leqslant 2.5$时,观片灯透过亮度不低于$30cd/m^2$;当黑度$D > 2.5$时,观片灯透过亮度不低于$10cd/m^2$。

其中,黑度:$D=\lg(I_0/I)$为透过底片光强之比的对数,可用黑度计计量,将光电池感受的光量变成电能,产生电流,使微安表指针偏转,指示黑度量值。

d. 像质计(透度计)

射线探伤中使用的像质计用来测定成像质量。常用像质计一般有:丝质像质计、阶梯孔形像质计、平板孔形像质计等。

e. 暗室设备和器材

射线探伤的暗室主要用来进行探伤胶片的冲印(显影和定影),主要包括工作台、胶片处理槽、给水排水系统、安全灯、计时钟、自动洗片机、铅字标记(数字、字母、符号)、铅板(厚度1~3mm,用来控制散射线)等(表4-11)。

④ 检测步骤

a. 影响影像质量的参数

影响影像质量的主要参数包括:

a) 对比度:影像与背景黑度差$\Delta D=0.434\mu \cdot G \cdot \Delta T$,窄束单色;

b) 不清晰度:影像边界扩展的宽度;

c) 几何不清晰度:$U_g=dT/(F-T)$,其中d为焦点寸,F为焦距,T为工件射线源侧表面到胶片的距离;

d）固有不清晰度：入射到胶片的射线，在乳剂层激发出二次电子的散射产生的不清晰度；

e）颗粒度：影像黑度不均匀程度，均匀曝光下底片黑度的不均匀性，是卤化银颗粒的尺寸和颗粒在乳剂中分布的随机性、射线光子被吸收的随机性的反映。

b. 射线照相灵敏度

射线照相灵敏度用来评价照片显示缺陷的能力。一般包括：

a）相对灵敏度：可识别像质计的最小细节的尺寸与工件厚度百分比；

b）绝对灵敏度：可识别像质计的最小细节的尺寸。

c. 透照布置、透照参数

射线探伤前，应做好探伤装置的透照布置，其基本布置包括：射线源、工件、胶片的相对位置，射线中心束的方向及有效透照区的设置（黑度范围，灵敏度符合要求）；射线探伤的透照参数主要包括：射线能量（管电压）、焦距 $[F_{min}=T(1+d/U_g)]$、曝光量（X：$E=it$；y：$E=At$，A 为放射性活度）等。

d. 曝光曲线

射线探伤的曝光曲线是指透照参数（能量、焦距、曝光量）与透照厚度的关系曲线。探伤时，应根据透照厚度对应曝光曲线确定曝光量，即射线探伤的管电压和曝光时间。

⑤ 检测结果评定

a. 焊缝射线探伤检测的主要缺陷包括：裂纹、未熔合、未焊透、条形缺陷、圆形缺陷等五类；应根据现行国家标准《焊缝无损检测 射线检测 第1部分：X和伽玛射线的胶片技术》GB/T 3323.1 的要求对焊缝检测结果进行评级（表 4-11）。

暗室处理的温度和实际要求　　　　　表 4-11

序号	步骤	温度(℃)	时间(min)
1	显影	20±2	4～6
2	停影(或中间水洗)	16～24	0.5～1
3	定影	16～24	10～15
4	水洗	16～24	≥30
5	干燥	≤40	—

b. 根据对接接头中的缺陷性质、数量、密集程度，将焊缝质量等级分为Ⅰ、Ⅱ、Ⅲ、Ⅳ四级。Ⅰ级不允许存在裂纹、未熔合、未焊透、条形缺陷，Ⅱ级和Ⅲ级不允许存在裂纹、未熔合、未焊透缺陷，超过Ⅲ级者为Ⅴ级。

4.1.2 螺栓连接检测

1. 螺栓连接概述

钢结构螺栓分为扭剪型高强度螺栓和大六角高强度螺栓，大六角高强度螺栓属于普通螺栓的高强度级，而扭剪型高强度螺栓则是大六角高强度螺栓的改进型。

螺栓在连接部位承受剪力、拉力。采用高强度螺栓的连接有摩擦型连接和承压型连接之分，前者对螺栓施加很大的预拉力，使被连接的部件接触面通过摩擦得以传力；后者则依靠螺栓杆受剪和被连接钢板的螺栓孔壁承压来传力。法兰盘螺栓连接可受拉。

一般钢结构中,要求的钢结构螺栓都是 8.8 级以上的,还有 10.9 级、12.9 级的,全部都是高强度的钢结构螺栓。

对于螺栓连接检测,可用目测、锤敲相结合的方法检查是否有松动或脱落,并用扭力(矩)扳手对螺栓的紧固性进行复查,尤其对高强度螺栓的连接更应仔细检查。对螺栓的直径、个数、排列方式也要一一检查,看是否有错位、错排、漏栓等。除此之外,一般还要进行下述检验:螺栓实物最小载荷试验、高强度螺栓连接摩擦面的抗滑移系数检验、扭剪型高强度螺栓连接副预拉力复验、高强度大六角头螺栓连接副扭矩系数复验等。

2. 螺栓连接检测

1) 普通螺栓实物最小载荷试验

(1) 抽样频率

每一规格螺栓抽查 8 个。

(2) 技术要求

普通螺栓可采用普通扳手紧固,螺栓紧固应使被连接件接触面、螺栓头和螺母与构件表面密贴。普通螺栓紧固应从中间开始,对称向两边进行,大型接头宜采用复拧。

普通螺栓作为永久性连接螺栓时,紧固时应符合下列规定:

① 螺栓头和螺母侧应分别放置平垫圈,螺栓头侧放置的垫圈不多于 2 个,螺母侧放置的垫圈不多于 1 个;

② 对于承受动力荷载或重要部位的螺栓连接,设计有防松动要求时,应采取有防松动装置的螺母或弹簧垫圈,弹簧垫圈放置在螺母侧;

③ 对工字钢、槽钢等有斜面的螺栓连接,宜采用斜垫圈;

④ 同一个连接接头螺栓数量不应少于 2 个;

⑤ 螺栓紧固后外露丝扣应不少于 2 扣,紧固质量检验可采用锤敲检验。

普通螺栓作为永久性连接螺栓,当设计有要求或对其质量有疑义时,应进行螺栓实物最小拉力载荷复验。

进行试验时,承受拉力荷载的未旋合的螺纹长度应为 6 倍以上螺距,当试验拉力达到规定的最小拉力荷载 ($A_s \cdot \sigma_b$) (σ_b 为抗拉强度)时不得断裂。当超过最小拉力荷载直至断裂时,断裂位置应发生在杆部或螺纹部分,而不应发生在螺头与杆部的交接处。

(3) 检测步骤

采用专用卡具将螺栓实物置于拉力试验机上进行拉力试验,为避免试件承受横向载荷,试验机的夹具应能自动调正中心,试验时夹头张拉的移动速度不超过 25mm/min。

(4) 数据处理

螺纹实物的抗拉强度应按螺纹应力截面面积 (A_s) 计算确定,其取值应按现行国家标准《紧固件机械性能 螺栓、螺钉和螺柱》GB/T 3098.1 的规定取值。

2) 高强度螺栓连接摩擦面的抗滑移系数检验

(1) 抽样频率

钢结构现场检测可采用全数检测或抽样检测。当抽样检测时,宜采用随机抽样或约定抽样方法。

在建钢结构按检验批检测时,其抽样检测的比例及合格判定应符合现行国家标准《钢结构工程施工质量验收标准》GB 50205 的规定。

既有钢结构计数抽样检测时，其每批抽样检测的最小样本容量不应小于表 4-12 的限定值。

既有钢结构计数抽样检测时，根据检验批中的不合格数，判断检验批是否合格。检验批的合格判定，应符合下列规定：

① 计数抽样检测的对象为主控项目时，应按表 4-13 判定；
② 计数抽样检测的对象为一般项目时，应按表 4-14 判定。

既有钢结构抽样检测的最小样本容量　　　　　　　　　　　表 4-12

检验批的容量	最小样本容量			检验批的容量	最小样本容量		
	A	B	C		A	B	C
3～8	2	2	3	151～280	13	32	50
9～15	2	3	5	281～500	20	50	80
16～25	3	5	8	501～1200	32	80	125
26～50	5	8	13	1201～3200	50	125	200
51～90	5	13	20	3201～10000	80	200	315
91～150	8	20	32	—	—	—	—

注：1. 表中 A、B、C 为检测类别，检测类别 A 适用于一般施工质量的检测。检测类别 B 适用于结构质量或性能的检测。检测类别 C 适用于结构质量或性能的严格检测或复检。
　　2. 无特别说明时，样本为构件。

主控项目的判定　　　　　　　　　　　　　　　　　表 4-13

样本容量	合格判定数	不合格判定数	样本容量	合格判定数	不合格判定数
2～5	0	1	80	7	9
8～13	1	2	125	10	11
20	2	3	200	14	15
32	3	4	≥315	21	22
50	5	6	—	—	—

一般项目的判定　　　　　　　　　　　　　　　　　表 4-14

样本容量	合格判定数	不合格判定数	样本容量	合格判定数	不合格判定数
2～5	1	2	32	7	9
8	2	3	50	10	11
13	3	4	80	14	15
20	5	6	≥125	21	22

（2）技术要求

抗滑移系数试验应采用双摩擦面的两栓拼接的拉力试件（图 4-9）。

试件钢板的厚度 t_1、t_2 应根据钢结构工程中有代表性的板材厚度来确定，同时应考虑在摩擦面滑移之前，试件钢板的净截面始终处于弹性状态；宽度 b 按表 4-15 取值。L_1 应根据试验机夹具的要求确定。

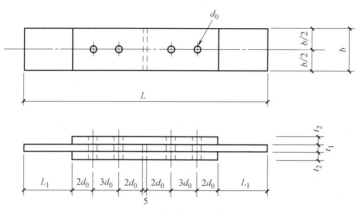

图 4-9 双摩擦面的两栓拼接

摩擦板板宽 表 4-15

螺栓直径 d	16	20	22	24	27	30
板宽 b	100	100	105	110	120	120

试验用的试验机误差应在 1‰ 以内。试验用的贴有电阻片的高强度螺栓、压力传感器和电阻应变仪应在试验前用试验机进行标定，其误差应在 2% 以内。

(3) 检测步骤

① 试件组装和准备：

a. 将冲钉打入试件孔定位，然后逐个换成装有压力传感器或贴有电阻片的高强度螺栓，或换成同批经预拉力复验的扭剪型高强度螺栓（图 4-10）。

图 4-10 组装试件

b. 紧固高强度螺栓应分初拧、终拧。初拧应达到螺栓预拉力标准值的 50% 左右。终拧后，螺栓预拉力应符合下列规定：

a) 对装有压力传感器或贴有电阻片的高强度螺栓，实测控制试件每个螺栓的预拉力值应在 $0.95P \sim 1.05P$（P 为高强度螺栓设计预拉力值）之间。

b) 不进行实测时，扭剪型高强度螺栓的预拉力可按同批复验预拉力的平均值取用。

② 在试件侧面画出观察滑移的直线。

③ 将组装好的试件置于拉力试验机上,试件的轴线应与试验机夹具中心严格对中。

④ 加荷时,应先加 10% 的抗滑移设计荷载值,停 1min 后,再平稳加荷,加荷速度为 3~5kN/s。直拉至滑动破坏,测得滑移荷载 N_v。

在试验中发生以下情况时,所对应的荷载可定为试件的滑移荷载:

a. 试验机发生回针现象;

b. 试件侧面画线发生错动;

c. X—Y 记录仪上变形曲线发生突变;

d. 试件突然发生"嘣"的声响。

(4) 数据处理

抗滑移系数,应根据试验所测得的滑移荷载 N_v 和螺栓预拉力 P 的实测值计算(宜取小数点后两位有效数字)。

$$\mu = \frac{N_v}{n_f \cdot \sum_{i=1}^{m} P_i} \tag{4-2}$$

式中 N_v——试验测得的滑移荷载(kN);

n_f——摩擦面面数,取 $n_f = 2$;

$\sum P_i$——试件滑移一侧高强度螺栓预拉力实测值(或同批螺栓连接副的预拉力平均值)之和(取三位有效数字)(kN),$i = 1, \cdots, m$;

m——试件一侧螺栓数量,取 $m = 2$。

检测结果判定:测得的抗滑移系数最小值应符合设计要求。

3) 扭剪型高强度螺栓连接副预拉力复验

(1) 抽样频率

复验用的螺栓应在施工现场待安装的螺栓批中随机抽取,每批应抽取 8 套连接副进行复验。

(2) 技术要求

紧固预拉力(简称预拉力或紧固力)是高强度螺栓正常工作的保证,依据国家现行标准《钢结构用扭剪型高强度螺栓连接副》GB/T 3632,对于扭剪型高强度螺栓连接副,必须进行预拉力复检。

扭剪型高强度螺栓适用于铁路和公路桥梁、锅炉钢结构、工业厂房、高层民用建筑、塔桅结构、起重机械及其他钢结构摩擦型高强度螺栓连接。螺栓性能等级分为 10.9s 和 8.8s。

楔负载试验:与大六角头高强度螺栓方法相同,如图 4-11 所示。拉力荷载在表 4-16

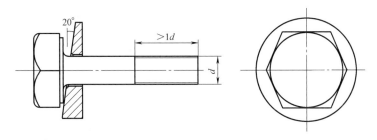

图 4-11 楔负载试验

范围内，断裂应发生在螺纹部分和螺纹与螺杆交接处。

扭剪型高强度螺栓楔负载试验拉力载荷 表4-16

螺纹规格 d		M16	M20	M22	M24
公称应力截面积 A_S (mm²)		157	245	303	353
性能等级	10.9s 拉力载荷(kN)	163～195	255～304	315～376	367～438

当螺栓 L/d 小于等于3时，如不能进行楔负载试验，允许用拉力荷载试验或芯部硬度试验代替楔负载试验。拉力荷载应符合表4-16的规定，芯部硬度应符合表4-17的规定。螺母保证荷载应符合表4-18的规定。

螺栓芯部硬度值 表4-17

性能等级	维氏硬度 HV30		洛氏硬度 HRC	
	min	max	min	max
10.9s	312	367	33	39

螺母保证载荷 表4-18

螺纹规格		M16	M20	M22	M24
公称应力截面积(mm²)		157	245	303	353
10H	保证应力(N/mm²)	1040	1040	1040	1040
	保证载荷(kN)	183	255	315	367

① 连接副预拉力试验应在轴力计上进行，每一连接副（一个螺栓、一个螺母和一个垫圈）只能试验一次，螺母、垫圈亦不得重复使用（图4-12）。

② 组装连接副时，垫圈有导角的一侧应朝向螺母支撑面。试验时，垫圈不得转动，否则试验无效。

（3）检测步骤

① 连接副预拉力可采用经计量检定、校准合格的轴力计进行测试。

② 试验用的电测轴力计、油压轴力计、电阻应变仪、扭矩扳手等计量器具，应在试验前进行标定，其误差不得超过2%。

图4-12 钢结构用扭剪型高强度螺栓连接副

③ 紧固螺栓分初拧、终拧两次进行，初拧值应为预拉力标准值的50%左右。终拧至梅花头拧掉，读出预拉力值。

（4）数据处理

$$\overline{P} = \frac{1}{n}\sum_{i=1}^{n} P_i \tag{4-3}$$

$$\sigma = \sqrt{\frac{\sum_{i=1}^{n}(P_i - \overline{P})^2}{n-1}} \tag{4-4}$$

式中 $\overline{P}$——螺栓预拉力平均值（kN）；

P_i——第 i 个螺栓预拉力（kN）；

n——螺栓个数；

σ——预拉力标准偏差（kN）。

(5) 检测结果判定

① 连接副预拉力应控制在表 4-19 所规定的范围，超出范围者，所测得的预拉力无效，且预拉力标准偏差应满足表 4-44 的要求。

预拉力及标准偏差要求　　　　表 4-19

螺栓规格		M16	M20	M22	M24	M27	M30
每批紧固轴力的平均值（kN）	公称	110	171	209	248	319	391
	min	100	155	190	225	290	355
	max	121	188	230	272	351	430
紧固轴力标准偏差(kN)，≤		10	15.5	19	22.5	29	35.5

② 当 L（螺栓长度）小于表 4-20 所示数值时，可不进行预拉力试验。

可不进行预拉力试验的螺栓长度　　　　表 4-20

螺纹规格	M16	M20	M22	M24	M27	M30
L(mm)	50	55	60	65	70	75

4) 高强度大六角头螺栓连接副扭矩系数复验

(1) 抽样频率

钢结构现场检测可采用全数检测或抽样检测。当抽样检测时，宜采用随机抽样或约定抽样方法。

在建钢结构按检验批检测时，其抽样检测的比例及合格判定应符合现行国家标准《钢结构工程施工质量验收标准》GB 50205 的规定。既有钢结构计数抽样检测时，其每批抽样检测的最小样本容量不应小于表 4-12 的限定值。

(2) 技术要求

① 连接副的扭矩系数试验是在轴力计上进行，每一连接副只能试验一次，不得重复使用。每一连接副包括一个螺栓、一个螺母、两个垫圈，并应分属同批制造（图 4-13）。

② 施拧扭矩 T 是施加于螺母上的扭矩，其误差不得大于测试扭矩值的 2%。使用的扭矩扳手准确度级别不低于《扭矩扳子检定规程》JJG 707—2014 中规定的 2 级。

图 4-13　大六角头螺栓

③ 螺栓预拉力 P 应用轴力计测定，其误差不得大于测定螺栓预拉力值的 2%。轴力计的最小示值应在 1kN 以下。

（3）检测步骤

① 进行连接副扭矩系数试验时，螺栓预拉力值 P 应控制在表 4-21 所规定的范围，超出范围者，所测得的扭矩系数无效。

大六角头高强度螺栓预拉力值范围　　　　　表 4-21

螺纹规格			M12	M16	M20	M22	M24	M27	M30
拉力荷载（kN）	10.9s	max	66	121	187	231	275	352	429
		min	54	99	153	189	225	288	351
	8.8s	max	55	99	154	182	215	281	341
		min	45	81	126	149	176	230	279

② 组装连接副时，螺母下的垫圈有导角的一侧应朝向螺母支撑面。试验时，垫圈不得发生转动，否则试验无效。

③ 进行连接副扭矩系数试验时，应同时记录环境温度。试验所用的机具、仪表及连接副均应放置在该环境内至少 2h。

（4）数据处理

$$K=T/(d\times P) \tag{4-5}$$

式中　K——扭矩系数；

　　　T——施拧扭矩（N·m）；

　　　d——螺栓的螺纹规格（mm）；

　　　P——螺栓预拉力（kN）。

（5）检测结果判定

① 大六角头高强度螺栓连接副必须按规定的扭矩系数供货，同批连接副的扭矩系数平均值为 0.110~0.150，扭矩系数标准偏差应小于等于 0.010。

② 连接副扭矩系数保证期为自出厂之日起六个月，用户如需延长保证期，可由供需双方协议解决。

③ 螺栓、螺母、垫圈均应进行表面防锈处理，但经处理后的高强度大六角头螺栓连接副扭矩系数还必须符合①的规定。

5）高强度螺栓连接副施工扭矩检验

（1）抽样频率

按节点数抽查 10%，且不少于 10 个；每个抽查的节点螺栓数量不少于 10%，且不少于 2 个。

（2）技术要求

检测人员在检测前，应了解工程使用的高强螺栓的型号、规格、扭矩施加方法。

应根据高强度螺栓的型号、规格，选择扭矩扳手的最大量程。工作值宜控制在被选用扳手量限值的 20%~80% 之间。扭矩扳手其检测精度误差不应大于 3%，且具有峰值保持功能。

对高强度螺栓终拧扭矩施工质量的检测，应在终拧 1h 之后、48h 之内完成。

(3) 检测步骤

高强度螺栓终拧扭矩检测前,应清除螺栓及周边涂层。螺栓表面有锈蚀时,尚应进行除锈。

高强度螺栓终拧扭矩检测,应经外观检查或敲击检查合格后进行。高强度螺栓连接副终拧后,螺栓丝扣外露应为2~3扣,其中允许有10%的螺栓丝扣外露1扣。用小锤(0.3kg)敲击法对高强螺栓进行普查,敲击检查时,一手扶螺栓(或螺母),另一手敲击,要求螺母(或螺栓头)不偏移、不颤动、不松动,锤声清脆。

高强度螺栓终拧扭矩检测采用松扣、回扣法,先在检查扳手套筒和拼接板面上作一直线标记,然后反向将螺栓拧松约60°,再用检查扳手将螺母拧回原位,使两条线重合,读取此时的扭矩值。

力必须加在手柄尾端,使用时用力要均匀、缓慢。扳手手柄上宜施加拉力而不是推力。要调整操作姿势,防止操作失效时人员跌倒。

除有专用配套的加长柄或套管外,严禁在尾部加长柄或套管后,测定高强度螺栓终拧扭矩。

使用后,擦拭干净放入盒内。定力扳手使用后要注意将示值调节到最小值处。

若扳手长时间未用,在使用前应先预加载几次,使内部工作机构被润滑油均匀润滑。

(4) 数据处理

① 检测结果判定

对在终拧1h之后、48h之内完成的高强度螺栓终拧扭矩检测结果,在$0.9T_c \sim 1.1T_c$范围内,则为合格。

对于终拧超过48h的高强螺栓检测,扭矩值的范围宜为$0.85T_c \sim 1.15T_c$。其检测结果不宜用于施工质量的评价。

② 性能检测结果数值修约

试验测定的性能结果数值应按表4-22的要求进行修约。修约的方法按照《数值修约规则与极限数值的表示和判定》GB/T 8170进行。

检测结果数值修约 表4-22

性能	范围	修约间隔
扭矩系数	0.110~0.150	0.001
抗滑移系数	0.15~0.75	0.01
保证应力	$<1000N/mm^2$	$5N/mm^2$
	$\geqslant 1000N/mm^2$	$10N/mm^2$
抗拉强度	$<1000N/mm^2$	$5N/mm^2$
	$\geqslant 1000N/mm^2$	$10 N/mm^2$
硬度	20~50HRC	0.1HRC
紧固轴力	$<1000kN$	5kN

③ 检测不确定度的估计

对与材料无关的参数将各种误差源产生的误差累加在一起的方法已作相当详细的处理。最近,两个ISO文件(ISO 5725-2和《测量不确定度表示指南》),对精密度和不确定度的估计给出了指导。

下面的分析采用了常规的方和根的方法。表4-23给出了高强螺栓各种性能参数和误差与不确定度的期望值。

性能误差及不确定度期望值　　　　　表4-23

参数	性能误差(%)					
	扭矩系数		抗滑移系数		紧固轴力	抗拉强度
轴力	2	2	2	2	2	—
扭矩	2	4	2	4	—	—
拉力	—	—	1	1	—	1
不确定度期望值	±2.83	±4.47	±3	±4.58	±2	±1

注：假定按照检定过的2级轴力计，4级扭力扳子，1级试验机。

与试样有关的参数，对于室温检测，试样受施力速率（或应力速率）控制参数的影响明显的性能是扭矩系数、抗滑移系数、抗拉强度。应力速率对抗拉强度的影响等效误差可达±3%。

《钢结构用高强度大六角头螺栓、大六角螺母、垫圈技术条件》GB/T 1231—2006中规定测扭矩系数时应满足：施拧扭矩 T 是施加于螺母上的扭矩，其误差不得大于测试扭矩值的2%。

螺栓预应力用轴力计（或用测力环）测定，其误差不得大于测定螺栓预拉力值的2%，轴力计的示值应在测定轴力值1kN以下。

6）连接的其他检测内容——高强度大六角头螺栓检验

（1）高强度大六角头螺栓楔负载试验

将螺栓拧在带有内螺纹的专用夹具上（至少六扣），螺栓头下置一10°楔垫（硬度为HRC45~50），再装在拉力试验机上进行楔负载试验（图4-14、表4-24）。

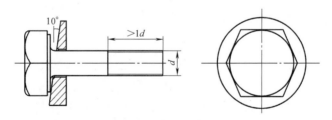

图4-14　楔负载试验

高强度大六角头螺栓楔负载试验拉力载荷　　　　　表4-24

螺纹规格		M12	M16	M20	M22	M24	M27	M30
公称应力截面面积A_s(mm²)		84.3	157	245	303	353	459	561
性能检测	10.9s	拉力荷载 (kN)	87.7~104.5	163~195	255~304	315~376	367~438	477~569	583~696
	8.8s		70~86.8	130~162	203~252	251~312	293~364	381~473	466~578

（2）高强度大六角头螺栓芯部硬度试验

当螺栓 $L/d \leqslant 3$ 时，如不能作楔负载试验，允许作芯部硬度试验。螺栓硬度试验在距螺杆末端等于螺纹直径 d 的截面上进行，对该截面距离中心的四分之一的螺纹直径处，任测四点，取后三点平均值。芯部硬度值应符合表 4-25 的规定。

高强度大六角头螺栓芯部硬度值　　　　表 4-25

性能等级	维氏硬度（HV30）		洛氏硬度（HRC）	
	min	max	min	max
10.9s	312	367	33	39
8.8s	249	296	24	31

（3）高强度大六角头螺栓螺母保证载荷试验

将螺母拧入螺纹芯棒，进行试验时夹头的移动速度不应超过 3mm/min。对螺母施加表 4-26 规定的保证载荷，并持续 15s，螺母不应脱扣或断裂。当去除载荷后，应可用手将螺母旋出，或借助扳手松开螺母（但不应超过半扣）后用手旋出。在试验中，如果螺纹芯棒损坏，则试验作废（图 4-15）。

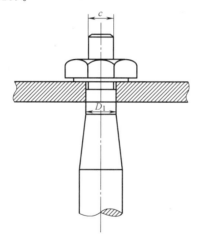

图 4-15　螺母保证载荷试验

高强度大六角头螺栓螺母保证荷载值表　　　　表 4-26

	螺纹规格	M12	M16	M20	M22	M24	M27	M30
10H	保证荷载（kN）	87.7	163	255	315	367	477	583
8H	保证荷载（kN）	70	130	203	251	293	381	466

（4）高强度大六角头螺栓垫圈硬度试验

螺母硬度试验在螺母表面进行，任测四点，取后三点平均值。

在垫圈的表面上任测四点，取后三点平均值。垫圈的硬度为 329～436HV30（35～45HRC）（图 4-16）。

（5）高强度大六角头螺栓连接副扭矩系数试验

① 连接副的扭矩系数试验是在轴力计上进行，每一连接副只能试验一次，不得重复使用。每一连接副包括一个螺栓、一个螺母、两个垫圈，并应分属同批制造（图 4-16）。

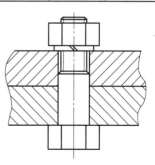

图 4-16　高强度大六角头螺栓垫圈硬度试验

② 施拧扭矩 T 是施加于螺母上的扭矩，其误差不得大于测试扭矩值的 2%。使用的扭矩扳手准确度级别不低于《扭矩扳子检定规程》JJG 707—2014 中规定的 2 级。

③ 螺栓预拉力 P 用轴力计测定，其误差不得大于测定螺栓预拉力值的 2%。轴力计的最小示值应在 1kN 以下。

④ 进行连接副扭矩系数试验时，螺栓预拉力值 P 应控制在表 4-27 所规定的范围，超出范围者，所测得的扭矩系数无效。

高强度大六角头螺栓预拉力值范围 表 4-27

螺纹规格			M12	M16	M20	M22	M24	M27	M30
拉力荷载 (kN)	10.9s	max	66	121	187	231	275	352	429
		min	54	99	153	189	225	288	351
	8.8s	max	55	99	154	182	215	281	341
		min	45	81	126	149	176	230	279

⑤ 组装连接副时，螺母下的垫圈有导角的一侧应朝向螺母支撑面。试验时，垫圈不得发生转动，否则试验无效。

⑥ 进行连接副扭矩系数试验时，应同时记录环境温度。试验所用的机具、仪表及连接副均应放置在该环境内至少 2h 以上。

$$K = T/(P \times d)$$

式中　K——扭矩系数；
　　　T——施拧扭矩（N·m）；
　　　P——螺栓预拉力（kN）；
　　　d——螺栓的螺纹规格（mm）。

⑦ 结果判定：

a. 高强度大六角头螺栓连接副必须按规定的扭矩系数供货，同批连接副的扭矩系数平均值为 0.110～0.150，扭矩系数标准偏差应小于等于 0.010。

b. 连接副扭矩系数保证期为自出厂之日起六个月，用户如需延长保证期，可由供需双方协议解决。

c. 螺栓、螺母、垫圈均应进行表面防锈处理，但经处理后的高强度大六角头螺栓连接副扭矩系数还必须符合 a 的规定。

7) 计算实例

送检高强度大六角头螺栓规格为 M27×100-10.9s，共八套连接副，对高强度螺栓连接副扭矩系数进行复验。

(1) 首先，对高强度螺栓连接副进行扭矩系数复验；

(2) 螺栓施拧扭矩分别为（单位：N·m）：1120、1100、1120、1100、1120、1120、1120、1120；

(3) 螺栓预拉力试验值分别为（单位：kN）：340、320、305、310、317、318、319、300。

检测结果见表 4-28。

检测结果 表 4-28

扭矩(N·m)	轴力(kN)	螺栓直径(mm)	扭矩系数	平均值	标准偏差
1120	340	27	0.122		
1100	320	27	0.127		
1120	305	27	0.136		
1100	310	27	0.131	0.131	0.005
1120	317	27	0.131		
1120	318	27	0.130		
1120	319	27	0.130		
1120	300	27	0.138		

4.1.3 铆接连接检测

1. 铆接连接概述

环槽铆钉连接副形式见图 4-17。

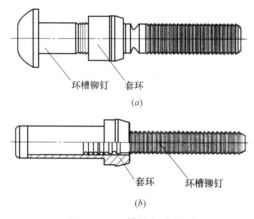

图 4-17 环槽铆钉连接副
(a) Ⅰ型；(b) Ⅱ型

Ⅰ型环槽铆钉连接副拉脱力和夹紧力应符合表 4-29～表 4-31 的规定。

Ⅰ型 5.8R 级连接副机械性能 表 4-29

机械性能		公称直径 d (mm)			
		5	6	8	10
拉脱力(kN)	min	7.5	13.6	20.9	29.5
夹紧力(kN)	min	4.6	8.2	12.7	18

Ⅰ型 8.8R 级连接副机械性能 表 4-30

机械性能		公称直径 d (mm)						
		12	16	20	22	25	28	35
拉脱力(kN)	min	75.8	120.6	178.4	246.7	323.5	369.1	576.2
夹紧力(kN)	min	53.6	85.4	126.3	174.6	229.1	260.1	378.2

Ⅰ型 10.9R 级连接副机械性能　　　　　　　　　表 4-31

机械性能		公称直径 d(mm)									
		12	14	16	18	20	24	27	30	33	36
拉脱力(kN)	min	87.7	120	163	200	255	367	477	583	722	850
夹紧力(kN)	min	65.4	84	116	140	181	256.9	333.9	408.1	505.4	595

Ⅱ型环槽铆钉连接副拉脱力、夹紧力和剪切力应符合表 4-32 的规定。

Ⅱ型连接副机械性能　　　　　　　　　表 4-32

机械性能		公称直径 d(mm)						
		5	6	8	10	12	16	20
拉脱力(kN)	min	12.5	22.7	35.8	49.4	89.7	126.8	200.7
剪切力(kN)	min	12.5	22.7	35.8	49.4	89.7	126.8	200.7
夹紧力(kN)	min	3.2	5.8	9.2	12.9	23.2	36.5	51.8

2. 铆接连接检测

1) 连接副拉脱力检测

(1) 抽样频率

在建钢结构按检验批检测时，其抽样检测的比例及合格判定应符合现行国家标准《钢结构工程施工质量验收标准》GB 50205—2020 的规定。既有钢结构计数抽样检测时，其每批抽样检测的最小样本容量不应小于表 3.4.4 的限定值。

(2) 技术要求

采用拉力法和推出法对铆接后试件进行拉脱力试验。拉力法适用于Ⅰ型环槽铆钉连接副和Ⅱ型环槽铆钉连接副；推出法适用于Ⅰ型环槽铆钉连接副。

试件应为经尺寸等检验合格的环槽铆钉连接副。拉力试验机应符合《静力单轴试验机的检验 第 1 部分：拉力和（或）压力试验机测力系统的检验与校准》GB/T 16825.1 的规定。装夹试件时，应避免斜拉，可使用自动定心装置。图 4-18 所示是拉力法和推出法夹具示意图。铆接试验板硬度不低于 45HRC。试件夹持厚度不小于 2 倍公称直径。

(3) 检测步骤

按图 4-18 所示将铆接的连接副试件装夹在拉力试验机上，并使试件中心线与试验机

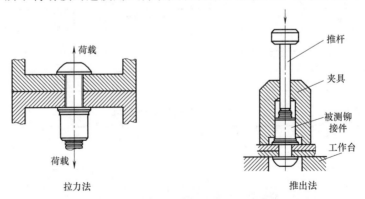

图 4-18　连接副拉脱力试验装置示意图

夹头中心线对齐，施加轴向荷载，直至环槽铆钉与套环分离或套环被破坏。试验机夹头的分离速率，不应超过25mm/min。采用推出法试验时，试验机夹头的相对速率，不应低于7mm/min，且不大于13mm/min。

(4) 数据处理

拉脱力应符合相关规定。当拉力法与推出法试验结果有争议时，以拉力法为仲裁试验。

2) 连接副夹紧力检测

(1) 抽样频率

在建钢结构按检验批检测时，其抽样检测的比例及合格判定应符合现行国家标准《钢结构工程施工质量验收标准》GB 50205—2020的规定。既有钢结构计数抽样检测时，其每批抽样检测的最小样本容量不应小于表3.4.4的限定值。

(2) 技术要求

连接副夹紧力测试适用于Ⅰ型环槽铆钉连接副和Ⅱ型环槽铆钉连接副。进行连接副夹紧力测试的试件应为经尺寸等检验合格的环槽铆钉连接副。

检测设备及装置：

环槽铆钉和套环连接副夹紧力试验在轴力计（或测力环）上进行，轴力计示值相对误差的绝对值不得大于测试轴力值的2%。

检测装置如图4-19所示。垫圈硬度不低于45HRC，试件夹持厚度不小于2倍公称直径。

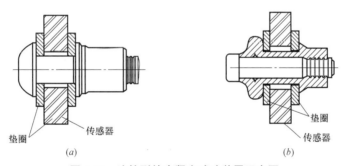

图 4-19 连接副的夹紧力试验装置示意图
(a) Ⅰ型环槽铆钉夹紧力试验；(b) Ⅱ型环槽铆钉夹紧力试验

(3) 检测步骤

将环槽铆钉、套环铆接在传感器上，通过传感器测量在两作用平面之间形成的压力。

(4) 数据处理

夹紧力应符合相关规定。

3) Ⅱ型环槽铆钉连接副剪切力检测

(1) 抽样频率

在建钢结构按检验批检测时，其抽样检测的比例及合格判定应符合现行国家标准《钢结构工程施工质量验收标准》GB 50205—2020的规定。既有钢结构计数抽样检测时，其每批抽样检测的最小样本容量不应小于表3.4.4的限定值。

(2) 技术要求

Ⅱ型环槽铆钉连接副应进行剪切力测试,试件应为经尺寸等检验合格的Ⅱ型环槽铆钉连接副。

检测设备及装置:

检测用试验夹具如图4-20所示,试验夹具应安装在试验机中,并能自动定心。试验夹具应具有足够的刚性。

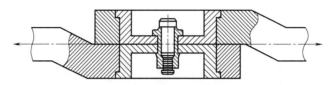

图4-20 Ⅱ型环槽铆钉连接副剪切试验夹具

试验机应符合现行国家标准《静力单轴试验机的检验 第1部分:拉力和(或)压力试验机测力系统的检验与校准》GB/T 16825.1的要求。

试件的夹持厚度应不小于1.5倍公称直径。

(3)检测步骤

将铆接试件安装在试验机上。

夹具在拉力试验机上应能自动对中,并应保证沿着剪切试件的剪切平面或拉力试件的中心线,直线地施加荷载。

应当持续地施加荷载,试验速度不应低于7mm/min,且不大于13mm/min,直至试件损坏。最大荷载值应予记录,作为环槽铆钉连接副的最大剪切力。

(4)数据处理

Ⅱ型环槽铆钉连接副的剪切力应符合相关规定。

4.2 涂装检测

在建钢结构涂装检测包括:涂装前钢材表面除锈检测、构件防腐涂装检测和构件防火涂装检测,以上均需要分别进行外观检查和厚度测试。

支撑现代建筑的结构材料主要是钢条、混凝土和玻璃。由于钢铁的高强度和稳定的性能,韧性好而且适合于批量生产而成为最佳建筑结构材料。近年来,钢结构住宅在欧美发达国家已成为主流建筑,一些先进城市的厂房、大楼、桥梁、大型公共工程,都采用钢结构建筑。美国大约70%的非民居和两层及以下的建筑均采用了轻钢钢架体系。然而,最令人担忧的是钢结构建筑的锈蚀和不耐高温,因此,除了钢材本身进行改良和使用耐候型钢板、耐火钢外,还要加强钢结构的防腐蚀和防火措施。除了热浸镀锌外,使用涂料进行防腐蚀和防火是最为方便简单又经济的有效的方法。

长期以来,钢结构建筑常用的防腐涂料是醇酸、酚醛类。当然,传统的醇酸、酚醛类涂料,也在一些厂房和民用建筑上大量使用。在进行钢结构防腐涂装设计时,最重要的是一定要根据建筑物给定的条件,将防腐蚀在初期设计中就加入进来。对于钢结构受到外界因素的侵蚀要充分考虑完全,比如,场地条件、房屋条件、部位条件、构件条件和空间条件等,考虑到建筑物涂装设计和给定因素后将其等级化,然后,在这个等级范围内进行涂装设计和取舍。关于涂膜的综合耐久性能问题，还必须考虑到施工条件、维护管理和经济等因素。通常一个钢结构建筑的涂装方案会有几个可选范围，在其中选出最佳方案。

钢铁的锈蚀是缓慢进行的，而火灾却是可以快速摧垮整个建筑。所以，钢结构建筑的防火比防腐蚀更重要。按照防火等级要求，防火涂料在建筑物上被大量采用。防火涂料并不能直接涂刷在钢结构的表面，钢结构底面的防锈要求还是要由防锈漆来负责。常用的防锈漆有环氧底漆、环氧富锌底漆和无机硅酸富锌底漆。在底漆上面可以喷涂环氧中间漆以增加防锈效果，然后再涂防火涂料，其厚度根据不同的产品，或不同的耐火极限来确定。为了使涂层有美观装饰性，防火涂料上面还可以涂1~2层丙烯酸面漆。如果使用的是环氧类防火涂料，还可以加涂聚氨酯面漆。

4.2.1 钢材表面除锈质量检测

1. 表面除锈的概述

无论是防腐涂料还是防火涂料，均需要打防锈底漆，在这之前最关键的是要对钢材表面进行处理，包括清除污垢、油脂、锈蚀、水、灰尘、氧化铁皮、毛刺、焊渣、焊疤等。钢结构要获得较好的保护，并不是完全取决于涂料质量，最关键的是钢材表面处理质量，否则再好的涂料也不能起到有效防护作用。日本曾对影响涂装质量和寿命的各种因素做过研究，结论见表4-33，可以看出，表面处理质量的影响程度最大。

影响涂装质量和寿命的因素 表4-33

主要影响因素	影响程度(%)	主要影响因素	影响程度(%)
表面处理质量	50	同一系列的涂料	5
涂装道数	20	涂装技术及环境	25

我国用于判断钢材表面处理程度的标准是《涂覆涂料前钢材表面处理 表面清洁度的目视评定 第1部分：未涂覆过的钢材表面和全面清除原有涂层后的钢材表面的锈蚀等级和处理等级》GB/T 8923.1—2011，与国际标准ISO 8501—1基本一致。GB/T 8923.1—2011规定了钢材表面锈蚀程度和除锈质量的目视评定等级。该标准适用于四种不同锈蚀程度的，并经采用喷剪清理、手工和动力工具清理以及火焰清理等方法进行涂覆涂料前处理的热轧钢材表面。冷轧钢材表面锈蚀等级和除锈等级的评定也可以参考使用。

2. 锈蚀等级

锈蚀等级共分A、B、C、D四级，除文字叙述外，GB/T 8923.1—2011还提供了锈蚀等级的典型照片，来共同确定锈蚀等级：

A级——大面积覆盖着氧化皮面几乎没有铁锈的钢材表面；

B级——已发生锈蚀，并且氧化皮开始剥落的钢材表面；

C级——氧化皮已因锈蚀而剥落，或者可以刮除，并且在正常视力观察下可现轻微点蚀的钢材表面；

D级——氧化皮已因锈蚀而剥落，并且在正常视力观察下可见普遍发生点蚀的钢材表面。

3. 锈蚀处理等级

1）喷射清理

喷射清理是利用压缩空气将磨料从喷嘴喷出,在钢材表面形成巨大的冲击力,来去除铁锈、氧化皮和其他杂质。

喷射清理等级分四级,除文字叙述外,还有相应喷射清理等级标准照片,以共同确定喷射清理等级。喷射清理等级以字母"Sa"表示。

Sa1——轻度的喷射清理。在不放大的情况下观察时,表面应无可见的油、脂和污物,并且没有附着不牢的氧化皮、铁锈、涂层和外来杂质。附着物是指焊渣、焊接飞溅物和可溶性盐等。附着不牢是指氧化皮、铁锈和油漆涂层等能以金属腻子刀从钢材表面剥离掉。

Sa2——彻底的喷射清理。在不放大的情况下观察时,表面应无可见的油、脂和污物,并且几乎没有氧化皮、铁锈、涂层和外来杂质。

Sa2½——非常彻底的喷射清理。在不放大的情况下观察时,表面应无可见的油、脂和污物,并且没有氧化皮、铁物、涂层和外来杂质。任何污染物的残留痕迹应仅呈现为点状或条纹状的轻微色斑。

Sa3——使钢材表观洁净的喷射清理。在不放大的情况下观察时,表面应无可见的油、脂和污物,并且应无氧化皮、铁锈、涂层和外来杂质。

2) 手工或动力工具清理

手工或动力工具清理可以采用铲刀、手锤或动力钢丝刷、动力砂纸盘或砂轮等工具清理。钢材表面清理前,应清除厚的锈层、油脂和污垢,清理后应清除钢材表面上的浮灰和碎屑。手工或动力工具清理等级用字母"St"表示。

St2——彻底的手工或动力工具清理。在不放大的情况下观察时,表面应无可见的油、脂和污物,并且没有附着不牢的氧化皮、铁锈、涂层和外来杂质。

St3——非常彻底的手工或动力工具清理。同St2,但表面处理应彻底得多,表面应具有金属底材的光泽。

3) 火焰清理

钢材表面清理前,应清除厚的锈层。火焰清理应包括在火焰加热作业后,以动力钢丝刷清除加热后附着在钢材表面的产物。火焰清理以"Fl"表示。

Fl——火焰清理。在不放大的情况下观察时,表面应无氧化皮、铁锈、涂层和外来杂质。

4.2.2 构件防腐涂装概述

1. 钢材腐蚀原理

钢材在环境介质(如空气、水、酸、碱等)的化学作用或电化学作用下而发生的逐渐破坏现象,称为锈蚀。锈蚀不仅会使构件有效截面减小,降低承载力,还会形成不同程度的锈坑,导致应力集中,加速构件的破坏,尤其是在冲击荷载或循环荷载作用下,容易发生脆性断裂。另外,钢材锈蚀时,体积会随之增大,最严重的可达原体积的六倍。

化学腐蚀是指钢材直接与周围介质发生化学作用而产生的腐蚀,这种腐蚀多数是氧化作用,使钢材表面形成疏松的氧化物。在常温下,未进行防腐处理的钢材表面很容易形成一层钝化能力很弱的氧化保护膜 FeO,该膜疏松易破裂,有害介质可进一步侵蚀而发生反应，造成腐蚀。在干燥环境下，锈蚀进展缓慢，但随着温度、湿度的增大而加快。电化学腐蚀是由于金属表面形成了原电池而产生的锈蚀。钢材本身含有铁、碳等多种成分，由于这些成分电极电位不同，形成许多微电池。在潮湿的空气中，钢材表面吸附一层极薄的水膜，通过水膜和微电池，铁被氧化成疏松易剥落的红棕色的铁锈$Fe(OH)_3$。

金属的腐蚀遍及国民经济各个领域，给国民经济带来了巨大的损失。在工业发达的国家中，腐蚀造成的直接经济损失占国民经济总产值的1%～4%，每年腐蚀生锈的钢铁约占产量的20%，约有30%的设备因腐蚀而报废。在我国，由于金属腐蚀造成的经济损失每年高达300亿元以上，约占国内生产总值的4%。

2. 钢材防腐分类

防止钢材锈蚀的方法有改变冶炼成分、施加保护层两大类。改变钢材冶炼成分，是指冶炼时加入提高抗腐蚀能力的合金元素（如铜、镍、铬等），形成耐候钢或不锈钢，这种方法防腐效果显著，但价格昂贵。施加保护层是在钢材表面覆盖一层防止侵蚀作用的保护层，此法相对经济实用。保护层有金属保护层（如电镀、热镀等）、化学保护层（如磷化、钝化等）和非金属保护层（如涂料、塑料等）三类，其中油漆类涂料保护层是目前钢结构防腐措施中最经济实用的方法。

油漆类防腐涂料和其他涂料一样，其配方组成主要包括基料、防锈颜料和溶剂。基料是成膜物质，是涂料中的主要成分，它的分子结构决定着涂料的主要性能；防锈颜料是用来辅助隔离腐蚀因素的材料；溶剂分为有机溶剂或水，用来溶解基料树脂，便于成膜。常用油漆类防腐涂料的情况如下。

1）沥青涂料

沥青是防腐涂料中重要的原材料，主要有天然沥青、石油沥青和煤焦沥青三种。前两种沥青主要应用于埋地管道中，钢结构防腐涂料中使用的主要是煤焦沥青。煤焦沥青耐水性强，有良好的表面润湿性，适用于水下环境，而且价格低廉，但冬脆夏软。

2）醇酸树脂涂料

醇酸树脂是以多元醇和多元酸的酯为主链，以脂肪酸或其他一元酸为侧链组成。用于配制涂料的醇酸树脂主要有纯干性油醇酸树脂、改性的纯干性油醇酸树脂和非干性油醇酸树脂。醇酸树脂涂料与油性漆相比，干性、保色性、耐候性、附着力等均有很大程度的提高，但耐酸碱、耐水性差，适宜于干燥环境，不能用于水下结构。

醇酸树脂涂料可以自成体系，常用的涂料品种有：醇酸红丹防锈底漆、醇酸铁红防锈底漆、醇酸云铁防锈底漆或中间漆、醇酸磁漆等，在钢结构防腐方面应用非常广泛。醇酸磁漆一般用作面漆，光泽性好，耐候性强。

3）酚醛树脂涂料

以酚醛树脂为主要成膜物的涂料，干燥性好，耐磨，涂膜坚硬光亮。耐水、耐化学腐蚀性好，有一定的绝缘能力，单组分施工方便，但涂膜硬脆，颜色易泛黄变深，耐候性差。酚醛树脂涂料主要有醇溶性酚醛树脂、改性酚醛树脂、纯酚醛树脂等几类。酚醛树脂涂料主要用于家具、门窗的涂装。在钢结构中，酚醛树脂涂料主要有酚醛红丹防锈漆、酚醛锌黄防锈漆、酚醛云铁防锈漆，一般用于打底。

4）环氧树脂涂料

以环氧树脂为主要原料的涂料,附着力非常好,耐碱、油和盐水,绝缘性能优良,但不耐紫外线,在阳光作用下容易失去光泽和粉化。另外,对施工温度、重涂间隔时间的要求比较严格。

环氧树脂涂料是现代钢结构中比较常用的防腐涂料,常见品种有:环氧红丹防锈底漆、环氧富锌底漆、环氧铁红防锈底漆、环氧磷酸锌防锈底漆、环氧云铁防锈漆或中间漆、环氧磁漆、快干型环氧涂料等。

5) 氯磺化聚乙烯涂料

氯磺化聚乙烯涂料是由聚乙烯、氯和二氧化硫在引化剂作用下反应生成的聚合物,其最大特点是耐化工大气老化,主要应用于化工、冶金、石油行业建筑,缺点是成膜难。一般用于底漆和中间漆。

6) 氯化橡胶涂料

氯化橡胶是天然橡胶或合成橡胶经氯化而成。漆膜致密但发脆,常加入氯化石蜡作为增塑剂。常用品种有:氯化橡胶铁红防锈底漆、氯化橡胶云铁防锈底漆以及各色氯化橡胶面漆。氯化橡胶面漆近年来逐渐被丙烯酸面漆替代。

7) 聚氨酯涂料

聚氨酯涂料是以聚氨基甲酸酯树脂为基料的涂料,具有优良的防腐蚀和力学性能,耐候性好。丙烯酸聚氨酯面漆是目前钢结构工程中应用比较经济和广泛的面漆品种之一。

8) 富锌涂料

富锌涂料是常用的重防腐涂料,涂料中含有大量锌粉作为电化学防锈颜料,不但防腐性能优良,而且与钢材的附着力强,与环氧云铁中间漆和其他高性能面漆也有很好的粘结力,但施工工艺复杂。常用富锌涂料品种有环氧富锌底漆、无机富锌底漆等,寿命可达7～15年。

可以看出,防腐涂料的品种很多。防锈及涂装应与结构重要性、侵蚀环境、除锈等级、维护条件及使用寿命相匹配。

构件防腐涂装完成后应分别对涂层外观、涂层厚度等进行检测。当钢结构处于有腐蚀介质环境、外露或设计有要求时,应进行涂层附着力测试。

3. 防腐涂装检测

1) 防腐涂装的外观检测

(1) 抽样频率

全数检查。

(2) 检测依据

《钢结构工程施工质量验收标准》GB 50205;

《钢结构现场检测技术标准》GB/T 50621。

(3) 检测步骤

以目视检测为主,必要时辅以放大镜或涂层漏涂点测试仪。

(4) 数据处理

防腐涂装外观应符合现行国家标准《钢结构工程施工质量验收标准》GB 50205等的要求。涂层不应有漏涂,表面不应存在脱皮、反锈、龟裂和起泡等缺陷,不应出现裂缝,涂层应均匀,无明显皱皮、流坠、乳突、针眼和气泡等,涂层与钢基材之间和各涂层之间应粘结牢固，无空鼓、脱层、明显凹陷、粉化松散和浮浆等缺陷。

2）防腐涂装的涂层厚度检测

（1）抽样频率

按照构件数抽查10%，且同类构件不应少于3件。

每个构件检测5处，每处的数值为3个相距50mm测点涂层干漆膜厚度的平均值。漆膜厚度的允许偏差为$-25\mu m$。

（2）检测依据

《钢结构工程施工质量验收标准》GB 50205；

《钢结构现场检测技术标准》GB/T 50621。

（3）防腐涂装的检测工具

用干漆膜测厚仪检测：

① 湿膜测量卡，一般用于涂装工在涂装过程中对涂料喷涂厚度的测试和控制，待油漆表干或实干后不能使用。

② 涂层测厚仪，又称干膜测量仪，用于测量干燥后的漆膜厚度，根据现行国家标准《钢结构现场检测技术标准》GB/T 50621，涂层测厚仪的最大量程不应小于$1200\mu m$，最小分辨率不应大于$2\mu m$，示值相对误差不应大于3%。

③ 涂层漏涂点测试仪，用于检测涂料漏涂或露底缺陷，一般可自动提示或报警。

（4）检测步骤

① 防腐涂层厚度应在涂层干燥后进行检测，检测时构件的表面不应有结露。

② 选取具有代表性的检测区域，检测前应清除测试点表面防火涂层、灰尘、油污等。

③ 构件防腐涂层厚度通常采用涂层测厚仪进行检测，测试构件的曲率半径应符合仪器的使用要求，在弯曲试件的表面上测量时，应考虑弯曲对测试准确度的影响。使用涂层测厚仪检测时，应避免电磁干扰。

④ 对测试仪器进行二点校准，使用与被测构件基体金属具有相同性质的标准片进行校准，也可用待涂覆构件进行校准。

⑤ 测试时，测点距构件边缘或内转角处的距离不宜小于20mm。探头与测点表面应垂直接触，接触时间宜保持1～2s，读取仪器显示的测量值。

（5）数据处理

当设计有厚度要求时，每处3个测点的涂层厚度平均值不应小于设计厚度的85%，同一构件上15个测点的涂层厚度平均值不应小于设计厚度；当设计对涂层厚度无要求时，涂层干漆膜总厚度要求为：室外应为$150\mu m$，室内应为$125\mu m$，其允许偏差应为$-25\mu m$。

3）防腐涂装的涂层附着力检测

（1）抽样频率

按构件数抽查1%，且不应少于3件，每件测3处。

（2）检测依据

《钢结构工程施工质量验收标准》GB 50205；

《漆膜划圈试验》GB/T 1720；

《色漆和清漆 划格试验》GB/T 9286；

《色漆和清漆拉开法附着力试验》GB/T 5210。

（3）检测设备

划格法：刻刀。

拉拔法：涂层附着力测试仪，又称拉力试验机，用于对涂料与钢材或下层涂料之间附着情况的检测。

（4）检测步骤

① 漆膜的划格试验

切割数：每个构件上至少进行三个不同位置的切割，切割图形每个方向的切割数应为 6。

切割间距：每个方向切割的间距应相等；且切割的间距取决于涂层厚度，涂层厚度增大，切割间距可逐渐增大，一般取 1～3mm。

胶带粘贴：将胶带的中心放在网格上方，方向与一组切割线平行，然后用手指将网格区上方的胶带压平。

胶带拉开：在贴上胶带 5min 内，拿住胶带悬空的一端，以尽可能接近 60°的角度，在 0.5～1.0s 内平稳地撕离胶带。

检测结果：见表 4-34。

划格法试验结果分级 表 4-34

分级	说明	发生脱落的十字交叉切割区的表面外观
0	切割边缘完全平滑，无一格脱落	—
1	在切口交叉处有少许涂层脱落，但交叉切割面积受影响不能明显大于 5%	
2	在切口交叉处有少许涂层脱落，受影响的交叉切割面积明显大于 5%，但不能明显大于 15%	
3	涂层沿切割边缘部分或全部以大碎片脱落，和/或在格子不同部位上部分或全部剥落，受影响的交叉切割面积明显大于 15%，但不能明显大于 35%	
4	涂层沿切割边缘大碎片剥落，和/或一些方格部分或全部出现脱落。受影响的交叉切割面积明显大于 35%，但不能明显大于 65%	
5	剥落的程度超过 4 级	

② 拉开法附着力试验

检测环境：应在温度 23±2℃、相对湿度 50%±5% 的条件下进行试验。粘结试柱：按照说明书进行试柱在涂层上的粘结，要求试柱组合的各部分间产生牢固、连续的胶结面，并应立即除去多余的胶粘剂。

检测方法：在胶粘剂干燥 24h（或按照说明书）后，用拉力试验机进行拉开试验，通过拉力试验机读取拉开强度。

(5) 数据处理

① 当使用划格法检测涂层附着力时，在检测的范围内，当涂层完整程度达到 70% 以上时，涂层附着力可认定达到质量合格标准的要求。

② 当使用拉拔法检测涂层附着力时，拉开强度应符合设计要求，一般涂层要求附着力不小于 5MPa。

4.2.3 构件防火涂装检测

1. 构件防火涂装概述——防火机理

目前，钢结构常用的防火措施主要有防火涂料和构造防火两种类型，本书主要讲述防火涂料。防火涂料是用于钢材表面，来提高钢材耐火极限的一种涂料。防火涂料涂覆在钢材表面，除具有阻燃、隔热作用以外，还具有防锈、防水、防腐、耐磨等性能。

燃烧需要同时具备三个要素：可燃物、氧气和热源，只要将其中的任何一个要素隔绝开来，燃烧就不能进行。因此，钢结构防火涂料的工作原理大致可以归纳为如下几点：防火涂料本身具有难燃性或不燃性，使被保护基材不直接与空气接触，从而延迟物体着火时间和减少燃烧的速度。防火涂料除本身具有难燃性或不燃性外，还具有较低的导热系数，可以延迟火焰温度向被保护基材的传递时间。

防火涂料受热分解出不燃惰性气体，如 CO_2，冲淡被保护物体受热分解出的可燃性气体，使之不易燃烧或减慢燃烧速度。

燃烧被认为是游离基引起的连锁反应，而含氮、磷的防火涂料受热分解出一些活性自由基团，如 NO、NH_3 等，与有机游离基化合，中断连锁反应，降低燃烧速度。

膨胀型防火涂料受热膨胀发泡，其厚度可以迅速膨胀增厚 5~10 倍，形成碳质泡沫隔热层，封闭被保护的物体，延迟热量在基材的传递，阻止物体着火燃烧或因温度升高而造成的强度下降。

根据漆膜厚度不同，钢结构防火涂料可分为厚涂型、薄涂型、超薄型三大类。目前，超薄型的用量最大，约占钢结构防火涂料的 70%，其次是厚涂型涂料，约占 20%。

1) 超薄型防火涂料

超薄型钢结构防火涂料是指涂层厚度在 3mm 以下的涂料，多以溶剂型为主。超薄型防火涂料一般由高强度特种阻燃树脂、高效阻燃剂、发泡剂、极性溶剂、助剂等组成，具有良好的装饰和理化性能，受热时膨胀发泡形成致密、强度高的防火隔热层。该隔热层极大地延缓了被保护钢材的升温，提高了钢构件的耐火极限。由于该类防火涂料涂层超薄，工程使用量比厚涂型和薄涂型少，从而降低了工程费用，因此备受青睐。超薄型防火涂料的耐火极限一般在 2h 以内，多为喷涂施工。

2) 薄涂型防火涂料

防火涂层厚度在3~7mm之间时为薄涂型防火涂料。此类涂料以水溶性为主，具有较好的装饰性和理化性，受火时能膨胀发泡，以膨胀发泡所形成的耐火隔热层来延缓钢材的升温，保护钢构件。这类防火涂料一般是用合适的乳液聚合物作为基料，再配以复合阻燃剂、防火添加剂、矿物纤维等组成。薄涂型防火涂料的耐火极限一般也在2h以内，多为喷涂。

3）厚涂型防火涂料

厚涂型防火涂料的涂层厚度在8~50mm之间，在火灾中利用材料的不燃性、低导热性或涂层中材料的吸热性，来延缓钢材的升温，保护钢材。这类防火涂料是用合适的胶粘剂，如水玻璃、硅溶胶、磷酸铝盐、耐火水泥等，再配以无机轻质材料（如膨胀珍珠岩、膨胀蛭石、海泡石、漂珠、粉煤灰等）和增强材料（硅酸铝纤维、岩棉、陶瓷纤维、玻璃纤维等）组成，具有成本较低的优点。

厚涂型防火涂料的涂层呈粒状面，密度小，强度低，喷涂后需要用装饰面隔护，耐火极限一般可以达到1.5~3.0h。施工中宜采用压力喷涂，也可以抹涂。

钢结构防火涂料的选择，应根据现行《建筑设计防火规范（2018年版）》GB 50016、《建筑钢结构防火技术规范》GB 51249所规定建筑结构的耐火等级和构件耐火极限（表4-35），并结合防火涂料的类别及适用范围来综合考虑。《钢结构设计制图深度和表示方法》03G102常用钢结构防火涂料的类别及适用范围见表4-36。

构件的设计耐火极限（h） 表4-35

构件类型	建筑耐火等级			
	一级	二级	三级	四级
柱、柱间支撑	3.00	2.50	2.00	0.50
楼面梁、楼面桁架、楼盖支撑	2.00	1.50	1.00	0.50
楼板	1.50	1.00	厂房、仓库 0.75	民用建筑 0.50	厂房、仓库 0.50	民用建筑 不要求
屋顶承重构件、屋盖支撑、系杆	1.50	1.00	厂房、仓库 0.50	民用建筑 不要求	不要求
上人平屋面板	1.50	1.00	不要求	不要求
构件类型	建筑耐火等级			
	一级	二级	三级	四级
疏散楼梯	1.50	1.00	厂房、仓库 0.75	民用建筑 0.50	不要求

防火涂料的类别及使用范围 表4-36

类别	特性	厚度(mm)	耐火时限(h)	类别
薄涂型防火涂料	附着力强,可以配色,一般不需外保护层	2~7	1.5	工业、民用建筑楼盖与屋盖钢结构
超薄型防火涂料	附着力强,干燥快,可配色,有装饰效果,不需外保护层	3~5	2~2.5	工业、民用建筑、柱等钢结构

续表

类别	特性	厚度(mm)	耐火时限(h)	类别
厚涂型防火涂料	喷涂施工,密度小,物理强度及附着力低,需装饰面层隔护	8~50	1.5~3	有装饰面层的民用建筑钢结构柱、梁
露天用防火涂料	喷涂施工,有良好的耐候性	薄涂3~10 厚涂25~40	0.5~2(3)	露天环境中的框架、构架等钢结构

钢结构防火涂料分膨胀型和非膨胀型,主要有超薄型、薄型、厚型三种。防火涂料一般需要进行外观检测和涂层厚度检测。

防火涂层测试应在涂层干燥后进行。

2. 构件防火涂装检测

1) 防火涂装外观检测

(1) 抽样频率

裂纹外观检测按构件数抽查10%,且同类构件不应少于3件。

其他外观全数检测。

(2) 检测依据

《钢结构工程施工质量验收标准》GB 50205;

《钢结构防火涂料应用技术规程》T/CECS 24。

(3) 检测步骤

观察和用尺量检查。

(4) 数据处理

防火涂装不应有误涂、漏涂,涂层应闭合且无脱层、空鼓、明显凹陷、粉化松散和浮浆等外观缺陷,乳突已剔除。

超薄型防火涂料涂层表面不应出现裂纹;薄涂型防火涂料涂层表面裂纹宽度不应大于0.5mm;厚涂型防火涂料涂层表面裂纹宽度不应大于1.0mm。

2) 防火涂装涂层厚度检测

(1) 抽样频率

① 按构件数抽查10%,且同类构件不应少于3件;

② 楼板和墙体防火涂层厚度检测时,可选用相邻纵、横轴线相交的面积为一个构件,在其对角线上,每米长度选1个测点,每个构件不应少于5个测点;

③ 全钢框架结构的梁和柱的防火涂层厚度测定,在构件长度内每隔3m取一截面,且每个构件不应少于2个截面,并按图4-21所示位置测试;

④ 桁架结构的上弦和下弦,每隔3m取一截面检测,其他腹杆每根取一截面检测。

(2) 检测依据

《钢结构现场检测技术标准》GB/T 50621;

《钢结构工程施工质量验收标准》GB 50205;

《钢结构防火涂料应用技术规程》T/CECS 24。

(3) 检测设备

膨胀型（超薄型、薄涂型）防火涂料采用涂层厚度测量仪,可参照防腐涂装的方法进行检测。

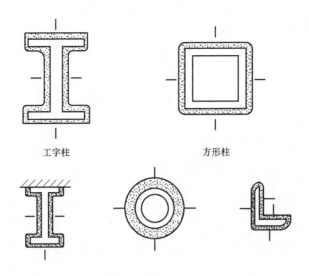

图 4-21 测点示意图

非膨胀型（厚涂型）防火涂料的涂层厚度采用测针和卡尺进行检测。用于检测的卡尺尾部应有可外伸的窄片；测针（厚度测量仪）由针杆和可滑动的圆盘组成，圆盘始终保持与针杆垂直，并在其上装有固定装置，圆盘直径不大于 30mm，以保证完全接触被测试件的表面。

检测设备的量程应大于被测的防火涂层厚度，且设备的分辨率不应低于 0.5mm。

（4）检测步骤

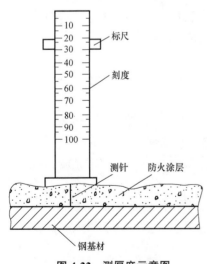

图 4-22 测厚度示意图

① 检测前，应清除测试点表面的灰尘、附着物等，并应避开构件的连接部位。

② 检测时，在测点处应将仪器的探针或窄片垂直插入防火涂层直至钢材防腐涂层表面，并记录标尺读数，测试值应精确到 0.5mm。

③ 当探针不易插入防火涂层内部时，可采取防火涂层局部剥除的方法进行检测。剥除面积不宜大于 15mm×15mm。

④ 检测时，楼板和墙面所选择的面积中，应至少测出 5 个点；梁和柱所选择的位置中，应分别测出 6 个点和 8 个点，并分别计算出它们的平均值，且精确到 0.5mm（图 4-22）。

（5）数据处理

膨胀型（超薄型、薄涂型）防火涂料、非膨胀型（厚涂型）防火涂料的涂层厚度及隔热性能应符合国家现行标准耐火极限的要求，且不应小于 −200μm。当采用厚涂型防火涂料涂装时，80% 及以上涂层面积应符合国家现行标准耐火极限的要求，且最薄处厚度不应低于设计要求的 85%。

4.3 钢构件检测

4.3.1 钢构件几何尺寸检测

1. 钢构件几何尺寸概述

钢制型材在生产、加工过程中都有可能产生各种偏差。如热轧钢板成品规格与设计要求之间，可能存在厚度、宽度、长度、不平度等偏差。这种偏差的出现可能对结构构件的设计和使用产生不利影响。因此，需要对钢构件的几何尺寸进行检查，包括构件外观质量检测、构件外形与尺寸偏差检测以及构件厚度检测等。

2. 钢构件几何尺寸检测（外观、厚度）

1) 构件外观质量检测

（1）抽样频率

全数普查。

（2）技术要求

构件的外观质量检测主要是对构件及钢材表面质量缺陷进行检测，测试要求如下：

① 被测工件表面的照明亮度不宜低于160lx，当对细小缺陷进行鉴别时，照明亮度不得低于540lx。

② 直接目视检测时，眼睛与被检工件表面的距离不得大于600mm，视线与被检工件表面所成的夹角不得小于30°，并宜从多个角度对工件进行观察。

（3）检测步骤

可采用目视观察检测，对细小缺陷进行鉴别时，可辅以2～6倍的放大镜进行检测。

（4）数据处理

构件外观检测质量，应按照现行国家标准《钢结构工程施工质量验收标准》GB 50205的要求进行评定，且应符合下列规定：

① 钢材表面不应有裂纹、折叠、夹层，构件钢材端边或断口处不应有分层、夹渣等缺陷；

② 当钢材的表面有锈蚀、麻点或划伤等缺陷时，其深度不得大于该钢材厚度负偏差值的1/2。

2) 构件外形与尺寸偏差检测

（1）抽样频率

钢构件加工阶段的外形与尺寸偏差应全数检测；安装现场钢结构构件应进行抽样检测，抽样数量可根据具体情况确定，但不应少于现行国家标准《建筑结构检测技术标准》GB/T 50344—2019 表 3.3.10 及《钢结构现场检测技术标准》GB/T 50621—2010 表 3.4.4 规定的相应检测类别的最小样本容量。构件外形尺寸检测的范围为所抽样构件的全部外形尺寸。每个尺寸在构件的3个部位量测，取3处测试值的平均值作为该尺寸的代表值。

（2）技术要求

构件外形与尺寸偏差检测内容应包括：构件截面尺寸、轴线或中心线尺寸、主要零部件布置定位尺寸以及零部件规格尺寸等构件外形尺寸。检测要求与评定依据如下：

钢构件外形与定位尺寸偏差应以最终设计文件规定的尺寸为基准进行计算，同时应符合相应材料产品标准和施工验收、检测标准的规定。

在建钢结构构件外形尺寸与偏差应满足现行国家标准《钢结构工程施工质量验收标准》GB 50205 的要求。

对在建钢结构工程构件进行鉴定检测时，构件的重要尺寸，应按照现行国家标准《建筑结构检测技术标准》GB/T 50344—2019 表 3.5.3-1 或表 3.5.3-2 进行合格判定；对构件的一般尺寸，应按照现行国家标准《建筑结构检测技术标准》GB/T 50344—2019 表 3.5.3-3 或表 3.5.3-4 进行合格判定。

（3）检测步骤

构件外形尺寸检测可采用游标卡尺、卷尺、直尺、角尺、塞尺进行测量。对结构形式复杂的构件，可以采用经纬仪、水准仪、全站仪等光学仪器进行检测。

（4）数据处理

① 热轧 H 型钢、工字钢、角钢、槽钢及直缝焊管、无缝钢管截面的允许偏差应符合其产品标准的要求。产品标准主要包括现行国家标准《热轧型钢》GB/T 706、《热轧 H 型钢和剖分 T 型钢》GB/T 11263、《直缝电焊钢管》GB/T 13793、《结构用无缝钢管》GB/T 8162 等。

② 焊接 H 型钢偏差的允许值，依据现行国家标准《钢结构工程施工质量验收标准》GB 50205 表 8.3.2 的规定确定，截面高度 $h<500mm$，允许偏差为 $\pm2.0mm$；截面高度 $500\leqslant h<1000mm$，允许偏差为 $\pm3.0mm$；截面高度 $h\geqslant 1000mm$，允许偏差为 $\pm4.0mm$；截面宽度 b 的允许偏差为 $\pm3.0mm$。

③ 钢管杆件偏差的允许值，依据现行国家标准《直缝电焊钢管》GB/T 13793—2016 第 5.1.2 条的规定确定，外径 $20mm<D<35mm$，允许偏差为 $\pm0.4mm$；外径 $35mm<D<50mm$，允许偏差为 $\pm0.5mm$；外径 $D\geqslant 50mm$ 范围内的钢管，允许偏差为 $\pm1\%D$。

④ 钢构件外形主要尺寸允许偏差应符合现行国家标准《钢结构工程施工质量验收标准》GB 50205—2020 中表 8.5.1 的要求；单节钢柱、多节钢柱、焊接实腹钢梁、钢桁架、钢管构件、墙架、檩条、支撑系统、钢平台、钢梯和防护钢栏杆、复杂断面钢柱外形尺寸的允许偏差应符合现行国家标准《钢结构工程施工质量验收标准》GB 50205—2020 中表 8.5.2～表 8.5.9 的规定。

3）钢结构构件厚度检测

（1）抽样频率

构件厚度检测抽样构件的数量，可根据具体情况确定，但不应少于现行国家标准《建筑结构检测技术标准》GB/T 50344—2019 中表 3.3.10 规定的相应检测类别的最小样本容量。

（2）技术要求

钢结构构件厚度可采用卷尺、游标卡尺或超声波测厚仪进行检测，其中超声波测厚仪主要用于非开放边缘或对钢构件中部位置的钢板厚度进行精确测量。

当采用超声测厚仪进行检测时，检测方法应符合现行国家标准《钢结构现场检测技术标准》GB/T 50621 的规定。超声波测厚仪的主要技术指标应符合表 4-37 的规定，并应随机配有校准用的标准块。

第 4 章 钢结构检测

超声测厚仪的主要技术指标 表 4-37

项目	技术指标
显示最小单位	0.1mm
工作频率	5MHz
测量范围	板材：1.2～200mm 管材下限：ϕ20mm×3mm
测量误差	$\pm(\delta/100+0.1)$mm，δ 为被测构件的厚度
灵敏度	能检出距探测面 80mm，直径 2mm 的平底孔

（3）检测步骤

依据现行国家标准《钢结构现场检测技术标准》GB/T 50621，测量钢结构构件的厚度时，应在构件的 3 个不同部位分别进行测量，然后，取 3 处测试值的平均值作为钢构件厚度的代表值。测试步骤如下：

① 测试前应清除构件表面油漆层、氧化皮、锈蚀等，并打磨至露出金属光泽。

② 预设声速并应用随机标准块对仪器进行校准，经校准后方可进行测试。

③ 将耦合剂涂于被测处，耦合剂可采用机油、化学浆糊等。在测量小直径管壁厚度或工件表面较粗糙时，可选用黏度较大的甘油。

④ 将探头与被测构件耦合即可测量，接触耦合时间宜保持 1～2s。在同一位置宜将探头转过 90°后进行二次测量，取二次测量的平均值作为该部位的代表值。在测量管材壁厚时，宜使探头中间的隔声层与管子轴线平行。

⑤ 测厚仪使用完毕后，应擦去探头及仪器上的耦合剂和污垢，保持仪器清洁。

（4）数据处理

钢结构构件厚度偏差应以设计规定的尺寸为基准进行计算，并应符合相应现行产品标准的规定，具体规定如下：

① 钢板厚度允许偏差应符合其现行产品标准要求，并满足现行国家标准《热轧钢板和钢带的尺寸、外形、重量及允许偏差》GB/T 709 的规定。

② 型钢壁厚允许偏差应符合其产品标准要求。产品标准主要包括现行国家标准《热轧型钢》GB/T 706、《热轧 H 型钢和剖分 T 型钢》GB/T 11263 等对型钢壁厚允许偏差的要求。

③ 钢管厚度允许偏差应符合其产品标准要求。产品标准主要包括现行国家标准《直缝电焊钢管》GB/T 13793、《结构用无缝钢管》GB/T 8162 等对钢管壁厚允许偏差的要求。

壁厚 $0.5\text{mm} \leqslant t < 1.0\text{mm}$，允许偏差为 $\pm 0.10\text{mm}$；壁厚 $1.0\text{mm} \leqslant t < 5.5\text{mm}$，允许偏差为 $\pm 1\%t$；壁厚 $t \geqslant 5.5\text{mm}$，允许偏差为 $\pm 12.5\%t$。

4.3.2 构件变形检测

1. 钢构件变形概述

钢构件体系具有自重轻、工厂化制造、安装快捷、施工周期短、抗震性能好、投资回收快、环境污染少等综合优势，与钢筋混凝土结构相比，更具有在"高、大、轻"三个方面发展的独特优势，在全球范围内，特别是发达国家和地区，钢构件在建筑工程领域中都得到了合理、广泛的应用。实践表明，作用力愈大，钢构件的变形就愈大。但当作用力过大时，钢构件将发生断裂或严重、显著的塑性变形，会影响工程结构的正常工作。为了保证工程材料及结构在载荷作用下正常工作，要求每个钢构件均应有足够的承受载荷的能力，也称为承载能力。承载能力的大小主要由钢构件具有的足够的强度、刚度和稳定性来衡量。

强度是指钢构件抵抗破坏（断裂或产生永久变形）的能力。即在载荷作用下不发生屈服失效或断裂失效，保证安全可靠工作的能力。强度是所有承载构件都必须满足的基本要求，因此，也是学习的重点。

刚度是指钢构件抵抗变形的能力。如果钢构件受力后产生过大的变形，即使尚未破坏，也不能正常工作。因此，钢构件必须具有足够的刚度，也就是不允许发生刚度失效。刚度问题对不同类型的构件，要求是不同的，应用时要查阅有关标准和规范。

稳定性是指钢构件在外力作用下保持原有平衡形式（状态）的能力。丧失稳定性就是当压力增大到一定程度时，钢构件突然改变原有平衡形式的现象，简称为失稳。某些受压的薄壁构件也有可能突然改变原有的平衡形式而失稳。因此，对这些钢构件应要求具有维持其原有平衡形式的能力，即具有足够的稳定性，以保证在规定的使用条件下不致失稳而破坏。压杆失稳一般都是突然发生的，破坏性很大，故必须使受压杆件具有足够的稳定性。

综上所述，为了保证钢构件安全可靠地工作构件必须具有足够的承载能力，即具有足够的强度、刚度和稳定性，这是保证构件安全工作的三个基本要求。

钢结构截面小，强度高，一般来说构件强度不是控制因素，构件及总构件的稳定则是重要的控制因素，钢结构各构件间或某一构件上的零件、配件间的连接是受力和传力的关键部位，连接的构件不稳定，甚至会造成整个结构的破坏。

2. 钢构件变形检测

1）抽样频率

全数普查。

2）检测设备

钢结构或构件变形的测量可采用水准仪、经纬仪、激光垂准仪或全站仪等仪器。用于钢结构或构件变形的测量仪器及其精度应符合现行行业标准《建筑变形测量规范》JGJ 8 的有关规定，变形测量级别可按三级考虑。

3）检测步骤

（1）应以设置辅助基准线的方法，测量结构或构件的变形；对变截面构件和有预起拱的结构或构件，尚应考虑其初始位置的影响。

（2）测量尺寸不大于 6m 的钢构件变形，可用拉线、吊线坠的方法，并应符合以下规定：

① 测量构件弯曲变形时，从构件两端拉紧一根细钢丝或细线，然后测量跨中位置与拉线之间的距离，该数值即是构件的变形。

② 测量构件的垂直度时，从构件上端吊一线坠直至构件下端，当线坠处于静止状态后，测量吊锤中心与构件下端的距离，该数值即构件的顶端侧向水平位移。

（3）测量跨度大于 6m 的钢构件挠度，宜采用全站仪或水准仪，并按下列方法进行检测：

① 钢构件挠度观测点应沿构件的轴线或边线布设，每一构件不得少于3点。
② 将全站仪或水准仪测得的两端和跨中的读数相比较，可求得构件的跨中挠度。
③ 钢网架结构总拼完成及屋面工程完成后的挠度值检测，对跨度24m及以下钢网架结构测量下弦中央一点；对跨度24m以上钢网架结构测量下弦中央一点及各向下弦跨度的四等分点。
④ 挠度观测及计算方法按《建筑变形测量规范》JGJ 8进行。

（4）尺寸大于6m的钢构件垂直度、侧向弯曲矢高以及钢结构整体垂直度与整体平面弯曲宜采用全站仪或经纬仪检测。可用计算测点间的相对位置差的方法来计算垂直度和弯曲度，也可采用通过仪器引出基准线，放置量尺直接读取数值的方法。

（5）当测量结构或构件垂直度时，仪器应架设在与倾斜方向成正交的方向线上，且宜距被测目标1～2倍目标高度的位置。

（6）钢构件、钢结构安装主体垂直度检测，应测量钢构件、钢结构安装主体顶部相对于底部的水平位移与高差，并分别计算垂直度与倾斜方向。

（7）当采用全站仪检测，且现场光线不佳、起灰尘、有振动时，应用其他仪器对全站仪的测量结果进行对比判断。

4）数据处理

在建钢结构或构件变形应符合设计要求和现行国家标准《钢结构工程施工质量验收标准》GB 50205 及《钢结构设计标准》GB 50017 等的有关规定。既有钢结构或构件变形应符合现行国家标准《民用建筑可靠性鉴定标准》GB 50292 和《工业建筑可靠性鉴定标准》GB 50144 等的有关规定。

4.3.3 构件缺陷和损伤检测

1. 构件缺陷和损伤概述

结构可靠性鉴定与耐久性评估涉及结构布置、结构或构件的承载能力、连接、构造、开裂、变形、腐蚀、老化及钢材锈蚀等各个方面，除结构布置和连接构造一般通过直观调查予以评定外，其他内容的量化分析均需要借助于仪器设备通过检测来确定。如现有结构或构件的承载能力可通过理论验算或荷载试验的方法确定，理论验算必须先明确结构构件的材料强度、损伤程度和范围、构件有效截面尺寸等参数。在不能证实结构施工结果与设计要求基本相符的情况下，材料的强度和构件的尺寸不能简单地按设计图纸上的标注取值；而且，有些使用年限较久的结构，保留下来的图纸或施工资料不全，甚至完全丢失，在这种情况下材料强度、构件尺寸的取值只有通过现场检测进行推定。当采用荷载试验的方法评定承载能力时，也要检测和测量结构或构件的挠度、侧移、裂缝宽度等参数。

构件表观缺陷：构件表面不应有裂纹、折叠、夹层，钢材端边或断口处不应有分层、夹渣等缺陷。

构件的损伤应包括：锈蚀程度、碰撞变形与撞击痕迹、火灾后强度损失与损伤，以及累积损伤等造成的裂纹等。

2. 构件缺陷检测（外观缺陷）

1）抽样频率

（1）当为下列情况时，检测对象可以是单个构件或部分构件；但检测结论不得扩大到未检测的构件或范围。

① 委托方指定检测对象或范围；

② 因环境侵蚀或火灾、爆炸、高温以及人为因素等造成部分构件损伤时。

（2）在建钢结构检验批的质量检测应按照《钢结构工程施工质量验收标准》GB 50205 规定的抽样比例进行。

（3）既有钢结构计数抽样检测时，其每批抽样检测的最小样本容量不应少于现行国家标准《建筑结构检测技术标准》GB/T 50344—2019 中表 3.4.4 规定的相应检测类别的最小样本容量。

2）技术要求

（1）直接目视检测时，眼睛与被检工件表面的距离不得大于 600mm，视线与被检工件表面所成的夹角不得小于 30°，并宜从多个角度对工件进行观察。

（2）被测工件表面的照明亮度不宜低于 160lx；当对细小缺陷进行鉴别时，照明亮度不得低于 540lx。

3）检测步骤

（1）目视检测

① 一般规定

本章适用于钢结构现场外观质量的目视检测。

直接目视检测时，眼睛与被测工件表面的距离不得大于 610mm，视线与被测工件表面所成的视角不得小于 30°。

被测工件表面应有足够的照明，一般情况下光照度不得低于 160lx；对细小缺陷进行鉴别时，光照度不得低于 540lx。

② 辅助工具

对细小缺陷进行鉴别时，可使用 2～5 倍的放大镜。

检测人员在目视检测前，应了解工程施工图纸和有关标准，熟悉工艺规程，提出目视检测的内容和要求。

钢材表面的外观质量的检测可分为是否有夹层、裂纹、非金属夹杂和明显的偏析等项目。

钢结构焊前目视检测的内容包括焊缝剖口形式、剖口尺寸、组装间隙；焊后目视检测的内容包括焊缝长度、焊缝外观质量。

对于焊接外观质量的目视检测，应在焊缝清理完毕后进行，焊缝及焊缝附近区域不得有焊渣及飞溅物。

（2）磁粉检测

① 磁粉检测包括预先准备、磁化、施加磁粉、观察与记录、后处理等步骤。

② 预先准备应符合下列要求：

对试件探伤面应进行处理，处理范围应由焊缝向母材方向延伸 20mm。

擦除探伤范围内试件上的附着物，如油漆、油脂、涂料、焊接飞溅、氧化皮等，以免妨碍磁粉附着在缺陷上。

用干磁粉时，试件表面应干燥。

用磁悬液时，应根据试件表面的状况和试件使用要求，确定采用油剂载液还是水剂载液。

根据现场条件确定用荧光还是非荧光磁粉。

根据被测试件的形状、尺寸、缺陷性质来选定磁化方法。

③ 磁化及磁粉施加应符合下列要求：

磁化时磁场方向应尽量与探测的缺陷方向垂直，与探伤面平行。

当不知缺陷方向或有多个方向的缺陷时，应采用旋转磁场或采用两次不同方向的磁化。采用两次不同方向的磁化时，两次磁化方向之间应垂直。

检测时，应先放置灵敏度试片在试件表面，检验磁场强度和方向以及操作方法是否正确。

用磁轭检测时，应有重叠覆盖区，磁轭每次移动的重叠部分应在10～20mm之间。

用交叉磁轭装置检测时，四个磁极都必须与被检部位表面保持良好接触，在探伤面上的行走速度要力求均匀，移动速度一般不大于2m/min。

4) 数据处理

(1) 钢材表面的外观质量应符合国家现行有关标准的规定，表面不得有裂纹、折伤，钢材端边或断口处不应有分层、夹渣等缺陷。

(2) 当钢材的表面有锈蚀、麻点或划伤等缺陷时，其深度不得大于该钢材厚度负偏差值的1/2。

(3) 焊缝剖口形式、剖口尺寸、组装间隙等应符合焊接工艺规程和相关技术标准的要求。

(4) 焊缝表面不得有裂纹、焊瘤等缺陷。一级焊缝不允许有外观质量缺陷，二、三级焊缝外观质量应符合《钢结构工程施工质量验收标准》GB 50205—2020中附录内的要求。

3. 构件损伤检测（锈蚀程度）

1) 抽样频率

既有钢结构计数抽样检测时，其每批抽样检测的最小样本容量不应少于《建筑结构检测技术标准》GB/T 50344—2019中表3.4.4规定的相应检测类别的最小样本容量。

2) 技术要求

(1) 检测前应清除待测表面积灰、油污、锈皮等。

(2) 对大面积锈蚀情况，应沿其长度方向选取3个锈蚀较严重的区段，每个区段应选取8～10个测点测量锈蚀程度，锈蚀程度的代表值应为取3个区段锈蚀最大值的平均值。

(3) 对局部锈蚀情况，应在锈蚀区域选取8～10个测点进行测量，锈蚀代表值应取锈蚀测点的最大值。

3) 检测步骤

(1) 确定构件的原始厚度。

(2) 通过超声波测厚仪（声速设定、耦合剂）和游标卡尺测量锈蚀后截面厚度。

超声波测厚仪采用脉冲反射波法。超声波从一种均匀介质向另一种介质传播时，在界面会发生反射，测厚仪可测出探头自发出超声波至收到界面反射回波的时间。超声波在各种钢材中的传播速度已知，或通过实测确定，由波速和传播时间测算出钢材的厚度，对于数字超声波测厚仪，厚度值会直接显示在显示屏上。

(3) 通过厚度变化确定锈蚀程度。

4) 数据处理

剩余厚度确定，钢材剩余厚度应为未锈蚀的厚度减去锈蚀的代表值，钢材未锈蚀的厚度可在该构件未锈蚀区量测。

4.3.4 结构构件性能的检测

1. 结构构件性能概述

结构的强度、刚度、稳定性与结构所承受的荷载性质、效应大小及其时程有密切关系，结构的实际荷载状态往往和荷载状态有一定的误差，如果这一误差超出容许范围，将可能导致结构的损伤甚至倒塌。

结构的动力性能（自振频率、振型等）与结构的质量和刚度分布有关，一般结构的质量与结构的使用功能有关，相对较易测定，因此检测结构动力性能，可了解结构刚度分布情况，用于检测结构建成后的实际形态与原结构设计计算模型是否一致。

2. 静力载荷检验

1）抽样频率

构件结构的性能的实荷检验，应选择同类构件中荷载效应相对较大和施工质量相对较差构件或受到灾害影响、环境侵蚀影响构件中具有代表性的构件。

使用性检验和承载力检验的对象可以是实际的结构或构件，也可以是足尺的模型；破坏性检验的对象可以是不再使用的结构或构件，也可以是足尺的模型。

既有钢结构计数抽样检测时，其每批抽样检测的最小样本容量不应少于《建筑结构检测技术标准》GB/T 50344—2019 中表 3.4.4 规定的相应检测类别的最小样本容量。

2）技术要求

（1）结构上设计荷载及效应的核定，是对设计计算的复核，是对设计计算理论过程的检测，包括分别对两种极限状态（结构承载能力极限状态和正常使用极限状态）进行核定。结构上设计荷载及效应的核定包括荷载及效应的数值大小及作用位置、荷载的组合系数等核定，原则为：

① 当所鉴定结构的荷载符合现行国家标准《建筑结构荷载规范》GB 50009 规定的取值标准时，应按规范规定取值核定。

② 当所鉴定结构的荷载不在现行国家标准《建筑结构荷载规范》GB 50009 所规定的范围内有特殊情况时，应按实际情况和现行国家标准《建筑结构可靠度设计统一标准》GB 50068 的规定核定。

③ 对于所检测的结构，根据其建筑类型（如高层、高耸、大跨等），还应根据相应的结构设计规范进行核定。

④ 除上述规范规定外，尚应核定由于结构变形及温度因素对结构的不利作用。

（2）结构实际荷载状态的测定，是为了确定实际结构的实际受力状态。结构的实际荷载状态包括以下四项内容：

① 结构正常使用条件下的荷载及作用状态。测定荷载标准值，并按规范规定确定设计值。

② 结构破坏或倒塌时的荷载及作用状态

按规范（《建筑结构荷载规范》GB 50009、《建筑结构可靠度设计统一标准》GB 50068 及该类结构的专门规范及地方规范）规定确定。

在规范无规定的条件下，依据工程实际测算或模拟试验测定。

③ 部分构件失效后的结构荷载及作用状态。

确定部分构件断裂或压曲失效后，产生的对已损伤结构的冲击作用以及对相邻或其他结构的影响。冲击大小由结构破坏前时刻的失效构件所受内力确定。

确定部分构件失效后，结构的荷载状态，用以确定已损伤结构的安全可靠性。

④ 荷载及作用的实际作用位置和方向。

测定荷载的实际作用位置和方向。

3) 检测步骤

(1) 变形的测试

应考虑支座的沉降变形的影响，正式检验前应施加一定的初试荷载，然后卸载，使构件贴紧检验装置。加载过程中应记录荷载变形曲线，当这条曲线表现出明显非线性时，应减小荷载增量。

(2) 应变的量测

将电阻应变片用专用胶粘剂粘贴到被测构件表面，应变片因感受测点的应变而使自身的电阻改变。若测试过程中环境温度变化明显，则对测试结果影响是很大的，为此应采用温度补偿措施，即接一个公共温度补偿片。

(3) 位移的量测

主要内容为某一特征点（一般为跨中或集中荷载下位移最大处）的荷载—位移曲线，以及各特征值下构件纵轴线的挠度曲线。

量测位移结构构件整体变形时，测点布置应符合下列要求：

① 对受弯或偏心受压构件的挠度测点应布置在构件跨中或挠度最大的部位截面的中轴线上。

② 对宽度大于 600mm 的受弯或偏心受压构件，挠度测点应沿构件两侧对称布置；对具有边肋的单向板，除应量测构件边肋挠度外，还宜量测板宽中间的最大挠度。

③ 对双向板、空间薄壳结构等双向受力结构，挠度测点应沿两个跨度方向或主曲率方向的跨中或挠度最大的部位布置。

④ 对屋架、桁架挠度测点应布置在下弦杆跨中或最大挠度的节点位置上，需要时亦宜在上弦杆节点处布置测点。

⑤ 在量测结构构件挠度时，还应在结构构件支座处布置测点。

⑥ 对于屋架、桁架和具有侧向推力的结构构件，应在跨度方向的支座两端布置水平测点，量测结构在荷载作用下沿跨度方向的水平位移。

⑦ 对具有固定联结的悬臂式结构构件，应量测结构构件自由端的位移和支座沉降及支座处截面转动所产生的角变位；量测支座沉降及转动的测点宜布置在支座截面的位置。

(4) 力的测定

荷载及超静定结构支座反力是结构试验中经常需要测定的外力。当用油压千斤顶加载时，因千斤顶附带的压力表示值较粗糙，特别是卸载时，压力表示值应正确反映实际荷载值，因此，需要在千斤顶和试件之间安装测力环或测力传感器。

(5) 使用性能检验

使用性能检验以证实结构或构件在规定荷载的作用下不出现过大的变形和损失，经过检验且满足要求的结构或构件应能正常使用。

检验的荷载,应为下列荷载之和:实际自重×1.0+其他荷载×1.15+可变荷载×1.25。经检验的结构或构件应满足下列要求:荷载—变形曲线应基本为线性关系;卸载后残余变形不应超过所记录的最大变形值的20%。

当上述要求不满足时,可重新进行检验,第二次检验中的荷载—变形曲线应基本上呈现线性关系,新的残余变形不得超过第二次检验中所记录最大变形的10%。

(6) 承载力检验

承载力检验用于证实结构构件或构件的设计承载力。在进行承载力检验前,宜先进行上面所述使用性能检验且检验结果满足相应的要求。

承载力检验的荷载,应采用永久和可变荷载适当组合的承载力极限状态设计荷载;承载力检验结果评定,检验荷载作用下,结构或构件的任何部分不应出现屈曲破坏或断裂坏;卸载后结构或构件的变形至少减少20%。

(7) 破坏性检验

破坏性检验用于确定结构或模型的实际承载力。进行破坏性检验前,宜先进行设计承载力的检验,并根据检验情况估算被检验结构的实际承载力。

破坏性检验的加载,应先分级加到设计承载力的检验荷载,根据荷载变形曲线确定随后的加载增量,然后加载到不能继续加载为止,此时的承载力即为实际承载力。

4) 数据处理

试验中采集到的数据是数据处理所需要的原始数据,但这些数据往往不能直接说明试验的结果或解答试验所提出的问题。将原始数据经过整理换算、统计分析及归纳演绎后,得到能反映结构性能的数据、公式、图标等。例如,由结构试验中最普遍采集的应变数据计算出结构的内力分布图;由结构的加速度数据积分得出其速度、位移等。

由于量测是观测者在一定的环境条件下,借助于必需的量测仪表或工具进行的,因此,一切量测的结果都难免存在误差。在数据中,要注意误差分析。

3. 结构动力测试的方法

1) 抽样频率

既有钢结构计数抽样检测时,其每批抽样检测的最小样本容量不应少于《建筑结构检测技术标准》GB/T 50344—2019 中表 3.4.4 规定的相应检测类别的最小样本容量。

2) 技术要求

试验系用拉力拉伸试样,一般拉至断裂,测定材料的屈服强度 R_e(MPa)、抗拉强度 R_m(MPa)、伸长率 A(%)。除非另有规定,试验一般在室温 10~35℃ 范围内进行。对温度要求严格的试验,试验温度应为 23±5℃。

伸长率 A:原始标距的伸长与原始标距(L_0)之比的百分率。

应力:试验期间任一时刻的力除以试样原始横截面面积(S_0)之商。

屈服强度 R_e:当金属材料呈现屈服现象时,在试验期间达到塑性变形发生而力不增加的应力点。应区分上屈服强度和下屈服强度。

抗拉强度 R_m:相应最大力(F_m)的应力。

极限强度(ultimate strength):物体在外力作用下发生破坏时出现的最大应力,也可称为破坏强度或破坏应力。一般用标称应力来表示。根据应力种类的不同,可分为拉伸强度（σ_t）、压缩强度（σ_c）、剪切强度（σ_s）等。

3）检测步骤

试样的形状与尺寸取决于要被试验的金属产品的形状与尺寸。通常从产品、压制坯或铸锭切取样坯经机加工制成试样。但具有恒定横截面的产品（型材、棒材、线材等）和铸造试样（铸铁和铸造非铁合金）可以不经机加工而进行试验。矩形横截面试样，推荐其宽厚比不超过8：1。

试样原始标距与原始横截面面积有 $L_0 = k\sqrt{S_0}$ 关系者称为比例试样。国际上使用的比例系数 k 的值为5.65。原始标距应不小于15mm。当试样横截面积太小，以致采用比例系数 k 为5.65的值不能符合这一最小标距要求时，可以采用较高的值（优先采用11.3的值）或采用非比例试样。非比例试样其原始标距（L_0）与其原始横截面面积（S_0）无关（图4-23、图4-24）。

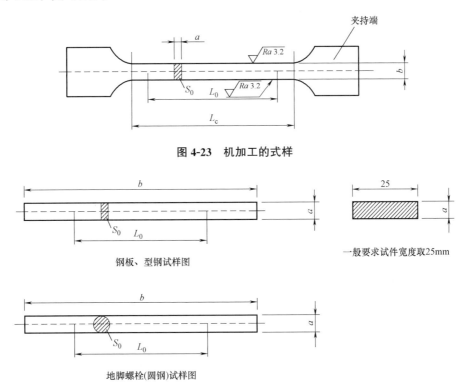

图4-23 机加工的式样

图4-24 不经机加工试样

（1）原始横截面面积（S_0）的测定

$$S_0 = ab$$

式中，（a、b 为试样截面的长宽），a 一般取25mm。

（2）原始标距（L_0）的标记

应用小标记、细划线或细墨线标记原始标距，但不得用引起过早断裂的缺口作标记。

对于比例试样，应将原始标距的计算值修约至最接近5mm的倍数，中间数值向较大一方修约。原始标距的标记应准确到±1%。

如平行长度（L_c）比原始标距长许多，例如不经机加工的试样，可以标记一系列套叠的原始标距。有时，可以在试样表面划一条平行于试样纵轴的线，并在此线上标记原始标距。

（3）试验速率

应力速率取 $10N/(mm^2 \cdot s)$。

（4）断后伸长率的测定

为了测定断后伸长率，应将试样断裂的部分仔细地配接在一起使其轴线处于同一直线上，并采取特别措施确保试样断裂部分适当接触后测量试样断后标距。

应使用分辨力优于 0.1mm 的量具或测量装置测定断后标距（L_0），准确到 $\pm 0.25mm$。

（5）屈服强度（R_e）的测定（图4-25）

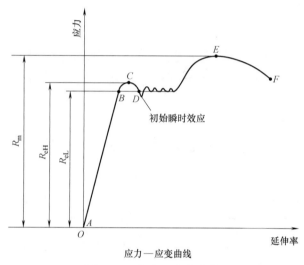

图4-25　应力—应变曲线

① 从 A 到 B 的直线表示弹性区域内荷载与变形的关系，只要荷载不超过 B 点，当卸载后，试样会恢复到原来的尺寸和形状，B 点的应力称为材料的弹性极限。

② 在 B 到 D 点阶段，卸载后试样无法恢复原始状态。在 C 点，塑性变形速率很快，以至于由塑性变形导致应力松弛率超过了材料的抵抗力，所以应变增加的同时，应力不再增加，反而下降，C 点称为屈服点。

③ 在 D 点，曲线突然升高，表明材料已经加工硬化，必须增加荷载才能使材料继续变形。在 E 点前，材料的变形速率不断增加，E 点是材料的极限强度（拉伸试验时称为抗拉强度）。

④ 断裂强度为何比极限强度低？

材料的极限强度是以材料的初始截面面积定义的最高强度，因此，塑性材料在经过拉伸、颈缩后，材料的截面面积变小很多，断裂时荷载已经变得很低。当材料的塑性降低，材料的极限强度与断裂强度变得很接近。

屈服强度又称为屈服极限，是材料屈服的临界应力值。

① 对于屈服现象明显的材料，屈服强度就是屈服点的应力（屈服值）；

② 对于屈服现象不明显的材料，屈服强度就是与应力—应变的直线关系的极限偏差达到规定值（通常为0.2%的永久形变）时的应力。通常用作固体材料力学机械性质的评价指标，是材料的实际使用极限。因为在应力超过材料屈服极限后产生颈缩，应变增大，使材料破坏，不能正常使用。

当应力超过弹性极限，进入屈服阶段后，变形增加较快，此时除了产生弹性变形外，还产生部分塑性变形。当应力达到B点后，塑性应变急剧增加，应力应变出现微小波动，这种现象称为屈服。这一阶段的最大、最小应力分别称为上屈服点和下屈服点。由于下屈服点的数值较为稳定，因此以它作为材料抗力的指标，称为屈服点或屈服强度（R_{eL}或$R_{p0.2}$）。

有些钢材（如高碳钢）无明显的屈服现象，通常以发生微量的塑性变形（0.2%）时的应力作为该钢材的屈服强度，称为条件屈服强度（yield strength）。

首先解释一下材料受力变形。材料的变形分为弹性变形（外力撤销后可以恢复原来形状）和塑性变形（外力撤销后不能恢复原来形状，形状发生变化，伸长或缩短）。

建筑钢材以屈服强度作为设计应力的依据。

所谓屈服，是指达到一定的变形应力之后，金属开始从弹性状态非均匀地向弹—塑性状态过渡，它标志着宏观塑性变形的开始。

抗拉强度（R_m）的测定：

读取试验过程中的最大力。最大力除以试样原始横截面面积（S_0）得到抗拉强度。

$$R_m = F_m / S_0$$

4) 数据处理

试验出现下列情况之一时其试验结果无效，应重做同样数量试样的试验。

（1）试样断在标距外或断在机械刻划的标距标记上，而且断后伸长率小于规定最小值；

（2）试验期间设备发生故障，影响了试验结果。

试验后试样出现两个或两个以上的缩颈以及显示出肉眼可见的冶金缺陷（例如分层、气泡、夹渣、缩孔等），应在试验记录和报告中注明。

4.3.5 钢结构安装质量检测

1. 钢结构安装质量

钢结构安装质量涉及单层钢结构安装工程、多层及高层钢结构安装工程以及空间结构安装工程。

单层钢结构安装工程检测主要包括：单层钢结构的主体结构、基础与支撑面、檩条及墙架等次要构件、钢平台、钢梯、防护栏杆等安装工程的安装质量检测。

多层及高层钢结构安装工程检测主要包括：多层及高层钢结构的主体结构、基础与支承面、檩条及墙架等次要构件、钢平台、钢梯、防护栏杆等安装工程的安装质量检测。

空间结构安装工程包括：钢管网架、网壳、索膜类空间结构，以及由钢管（圆管或方矩管）为主要受力杆件（或物件）的结构安装工程。空间结构安装工程检测内容包括：支座和地脚螺栓（锚栓）安装，钢网架、网壳结构安装，钢管桁架结构安装，索杆安装，膜结构安装等。

2. 钢结构安装质量检测

1) 单层钢结构安装工程检测

（1）抽样频率

① 单层钢结构安装工程的检查数量一般按安装数量抽查10%，且不应少于3个。

② 对建筑物的定位轴线、基础柱的定位轴线、标高以及地脚螺栓（锚栓）规格、位置及紧固应进行全数检查。

③ 单层钢结构主体结构的整体垂直度和整体平面弯曲，对结构的主要立面应全部检查。对每个所检查的立面，除两列角柱外，尚应至少选取一列中间柱。

④ 钢平台、钢梯、栏杆的检查数量应按钢平台总数抽查10%，栏杆、钢梯按总长度各抽查10%，但钢平台不应少于1个，栏杆不应少于5m，钢梯不应少于1跑。

（2）检测依据

《钢结构工程施工质量验收标准》GB 50205。

（3）检测步骤

观察检测、拉线检查以及使用经纬仪、水准仪、全站仪和钢尺现场实测等。

（4）数据处理

① 基础和支承面检测

a. 建筑物的定位轴线、基础轴线和标高、地脚螺栓的规格及其紧固应符合设计要求。

b. 基础顶面直接作为柱的支承面、基础顶面预埋钢板或支座作为柱的支承面时，其支承面、地脚螺栓（锚栓）位置的允许偏差应符合表4-38的规定。

支承面、地脚螺栓（锚栓）位置的允许偏差　　　　表4-38

项目		允许偏差(mm)
支承面	标高	±3.0
	水平度	L/1000
地脚螺栓(锚栓)	螺栓中心偏移	5.0
	预留孔中心偏移	10.0

c. 采用坐浆垫板时，坐浆垫板的允许偏差应符合表4-39的规定。

坐浆垫板的允许偏差　　　　表4-39

项目	允许偏差(mm)
顶面标高	0.0 −3.0
水平度	L/1000
位置	20.0

d. 采用杯口基础时，杯口尺寸的允许偏差应符合表4-40的规定。

杯口尺寸的允许偏差　　　　表4-40

项目	允许偏差(mm)
底面标高	0.0 −5.0

续表

项目	允许偏差(mm)
杯口深度 H	±5.0
杯口垂直度	$H/100$,且不应大于 10.0
柱脚轴线对柱定位轴线的偏差	1.0

e. 地脚螺栓（锚栓）的螺纹应受到保护，地脚螺栓（锚栓）尺寸的偏差应符合表4-41的规定。

地脚螺栓（锚栓）尺寸的允许偏差（mm） 表 4-41

螺栓(锚栓)直径	项目	
	螺栓(锚栓)外露长度	螺栓(锚栓)螺纹长度
$d \leqslant 30$	0 +1.2d	0 +1.2d
$d > 30$	0 +1.0d	0 +1.0d

② 安装和校正检测

a. 钢构件外形尺寸应符合设计要求和规范的规定。运输、堆放和吊装等造成的钢构件变形及涂层脱落，应进行矫正和修补。

b. 设计要求顶紧的节点，接触面紧贴不应少于70%，且边缘最大间隙不应大于0.8mm。

c. 钢屋（托）架、桁架、梁及受压杆件的垂直度和侧向弯曲矢高的允许偏差应符合表4-42的规定。

钢屋（托）架、桁架、梁及受压杆件垂直度和侧向弯曲矢高的允许偏差 表 4-42

项目	允许偏差(mm)		图例
跨中的垂直度	$h/250$,且不应大于 15.0		
侧向弯曲矢高 f	$l \leqslant 30m$	$l/1000$,且不应大于 10.0	
	$30m < l \leqslant 60m$	$l/1000$,且不应大于 30.0	
	$l > 60m$	$l/1000$,且不应大于 50.0	

d. 单层钢结构主体结构的整体垂直度和整体平面弯曲的允许偏差应符合表 4-43 的规定。

单层钢结构主体结构的整体垂直度和整体平面弯曲的允许偏差　　　表 4-43

项目	允许偏差(mm)	图例
主体结构的整体垂直度	$H/1000$，且不应大于 25.0	
主体结构的整体平面弯曲	$L/1500$，且不应大于 50.0	

e. 钢柱等主要构件的中心线及标高基准点等标记应齐全。

f. 当钢桁架（或梁）安装在混凝土柱顶时，其支座中心对定位轴线的偏差不应大于 10mm；当采用大型混凝土屋面板时，钢桁架（或梁）间距的偏差不应大于 10mm。

g. 钢柱安装的允许偏差应符合表 4-44 的规定。

钢柱安装的允许偏差　　　表 4-44

项目		允许偏差(mm)	图例	检验方法
柱脚底座中心线对定位轴线的偏移		5.0		用吊线和钢尺检查
柱子的定位轴线		1.0		—
柱基准点标高	有吊车梁的柱	+3.0 -5.0		用水准仪检查
	无吊车梁的柱	+5.0 -8.0		

第4章 钢结构检测

续表

项目			允许偏差(mm)	图例	检验方法
弯曲矢高			$H/1200$，且不大于 15.0		用经纬仪或拉线和钢尺检查
柱轴线垂直度	单层柱		$H/1000$，且不大于 25.0		用经纬仪或吊线和钢尺检查
	多层柱	单节柱	$H/1000$，且不大于 10.0		
		柱全高	35.0		

h. 钢吊车梁或直接承受动力荷载的类似构件，其安装的允许偏差应符合表 4-45 的规定。

钢吊车梁安装的允许偏差 表 4-45

项目		允许偏差(mm)	图例	检验方法
梁的跨中垂直度 Δ		$h/500$		用吊线和钢尺检查
侧向弯曲矢高		$l/1500$，且不大于 10.0		用拉线和钢尺检查
垂直上拱矢高		10.0		
两端支座中心位移 Δ	安装在钢柱上时，对牛腿中心的偏移	5.0		
	安装在混凝土柱上时，对定位轴线的偏移	5.0		
吊车梁支座加劲板中心与柱子承压加劲板中心的偏移 Δ_1		$t/2$		用吊线和钢尺检查
同跨间内同一横截面吊车梁顶面高差 Δ	支座处	$l/1000$，且不大于 10.0		用经纬仪、水准仪和钢尺检查
	其他处	15.0		
同跨间内同一横截面下挂式吊车梁底面高差 Δ		10.0		
同列相邻两柱间吊车梁顶面高差 Δ		$l/1500$，且不大于 10.0		用水准仪和钢尺检查

续表

项目		允许偏差(mm)	图例	检验方法
相邻两吊车梁接头部位 Δ	中心错位	3.0		用钢尺检查
	上承式顶面高差	1.0		
	下承式底面高差	1.0		
同跨间任一截面的吊车梁中心跨距 Δ		±10.0		用经纬仪和光电测距仪检查；跨度小时，可用钢尺检查
轨道中心对吊车梁腹板轴线的偏移 Δ		$t/2$		用吊线和钢尺检查

i. 檩条、墙架等次要构件安装的允许偏差应符合表4-46的规定。

墙架、檩条等次要构件安装的允许偏差 表4-46

项目		允许偏差(mm)	检验方法
墙架立柱	中心线对定位轴线的偏移	10.0	用钢尺检查
	垂直度	$H/1000$，且不大于10.0	用经纬仪或吊线和钢尺检查
	弯曲矢高	$H/1000$，且不大于15.0	用经纬仪或吊线和钢尺检查
抗风桁架的垂直度		$h/250$，且不大于15.0	用吊线和钢尺检查
檩条、墙梁的间距		±5.0	用钢尺检查
檩条的弯曲矢高		$L/750$，且不大于12.0	用拉线和钢尺检查
墙梁的弯曲矢高		$L/750$，且不大于10.0	用拉线和钢尺检查

注：1. H 为墙架立柱的高度；
  2. h 为抗风桁架的高度。

j. 钢平台、钢梯、栏杆安装，应符合现行国家标准《固定式钢梯及平台安全要求 第1部分：钢直梯》GB 4053.1、《固定式钢梯及平台安全要求 第2部分：钢斜梯》GB 4053.2 和《固定式钢梯及平台安全要求 第3部分：工业防护栏杆及钢平台》GB 4053.3 的规定。钢平台、钢梯和防护栏杆安装的允许偏差应符合表4-47的规定。

钢平台、钢梯和防护栏杆安装的允许偏差　　　　表 4-47

项目	允许偏差(mm)	检验方法
平台高度	±10.0	用水准仪检查
平台梁水平度	$l/1000$,且不大于 10.0	用水准仪检查
平台支柱垂直度	$H/1000$,且不大于 5.0	用经纬仪或吊线和钢尺检查
承重平台梁侧向弯曲	$l/1000$,且不大于 10.0	用拉线和钢尺检查
承重平台梁垂直度	$h/250$,且不大于 10.0	用吊线和钢尺检查
直梯垂直度	$H'/1000$,且不大于 15.0	用吊线和钢尺检查
栏杆高度	±5.0	用钢尺检查
栏杆立柱间距	±5.0	用钢尺检查

k. 现场焊缝组对间隙的允许偏差应符合表 4-48 的规定。

现场焊缝组对间隙的允许偏差　　　　表 4-48

项目	允许偏差(mm)	项目	允许偏差(mm)
无垫板间隙	+3.0 0.0	有垫板间隙	+3.0 −2.0

l. 钢结构表面应干净,结构主要表面不应有疤痕、泥沙等污垢。

2)多层及高层钢结构安装工程

(1)抽样频率

① 多层及高层钢结构安装工程的检查数量,一般按安装数量抽查 10%,且不应少于 3 个。

② 多层建筑的钢柱安装采用坐浆垫板时,应对坐浆垫板施工质检资料进行全数检查。

③ 检查柱子安装时,标准柱应全部检查;非标准柱抽查 10%,且不应少于 3 根。

④ 主体结构的整体垂直度和平面弯曲,对主要立面应全部检查。所检查的每个立面,除两列角柱外,尚应至少选取一列中间柱。

⑤ 检查钢构件安装允许偏差时,应按同类构件或节点数抽查 10%,其中,柱和梁各不少于 3 件,主梁与次梁连接节点不应少于 3 个,支承压型金属板钢梁长度不应少于 5m。

⑥ 主体结构总高度的允许偏差,按标准柱列数抽查 10%,且不应少于 4 列。

⑦ 钢平台、钢梯、栏杆的检查数量,应按钢平台总数抽查 10%,栏杆、钢梯按总长度各抽查 10%,但钢平台不应少于 1 个,栏杆不应少于 5m,钢梯不应少于 1 跑。

(2)检测依据

检测依据为现行国家标准《钢结构工程施工质量验收标准》GB 50205。

(3)检测仪器

检测方法主要有:观察检测、拉线检查以及使用经纬仪、水准仪、全站仪和钢尺现场实测等。

(4)数据评定

① 基础和支承面检测

a. 建筑物的定位轴线、基础上柱的定位轴线和标高、地脚螺栓(锚栓)的规格和位置、地脚螺栓（锚栓）紧固应符合设计要求。当设计无要求时，应符合表4-49的规定。支承面、地脚螺栓（锚栓）位置的允许偏差详见《钢结构工程施工质量验收标准》GB 50205—2020表10.2.2。

建筑物定位轴线、基础上柱的定位轴线和标高的允许偏差　　　　表4-49

项目	允许偏差(mm)	图例
建筑物定位轴线	$l/20000$，且不应大于3.0	
基础上柱的定位轴线	1.0	
基础上柱底标高	±3.0	

b. 多层建筑结构以基础顶面直接作为柱的支承面，或以基础顶面预埋钢板或支座作为柱的支承面时，其支承面、地脚螺栓（锚栓）位置的允许偏差应符合本节表4-37的规定。

c. 多层建筑结构采用坐浆垫板时，坐浆垫板的允许偏差应符合本节表4-38的规定。

d. 当采用杯口基础时，杯口尺寸的允许偏差应符合本节表4-39的规定。

e. 地脚螺栓（锚栓）尺寸的允许偏差应符合本节表4-40的规定。地脚螺栓（锚栓）的螺纹应受到保护。

② 安装和校正检测

a. 钢构件应符合设计要求和规范的规定。运输、堆放和吊装等造成的钢构件变形及涂层脱落，应进行矫正和修补。

b. 柱子安装的允许偏差应符合《钢结构工程施工质量验收标准》GB 50205—2020表10.3.4的规定。

c. 设计要求顶紧的节点，接触面紧贴不应少于70%，且边缘最大间隙不应大于0.8mm。

d. 钢主梁、次梁及受压杆件的垂直度和侧向弯曲矢高的允许偏差，应符合本节表4-41中有关钢屋（托）架允许偏差的规定。

e. 多层及高层钢结构主体结构整体垂直度，可采用激光经纬仪、全站仪测量，也可根据各节柱的垂直度允许偏差累计（代数和）计算。对于整体平面弯曲，可按产生的允许偏差累计（代数和）计算。

多层及高层钢结构主体结构的整体垂直度和整体平面弯曲的允许偏差应符合表4-50的规定。

多层及高层钢结构主体结构整体垂直度和整体平面弯曲的允许偏差（mm）　表 4-50

项目	允许偏差	偏差	图例
主体结构的整体立面偏移	高度 60m 以下的多高层	(H/2500＋10)，且不大于 30.0	
	高度 60～100m 的高层	(H/2500＋10)，且不大于 50.0	
	高度 100m 以上的高层	(H/2500＋10)，且不大于 80.0	
主体结构的整体平面弯曲	l/1500,且不大于 50.0		

f. 钢结构表面应干净，结构主要表面不应有疤痕、泥沙等污垢。

g. 钢柱等主要构件的中心线及标高基准点等标记应齐全。

h. 钢构件安装的允许偏差应符合表 4-51 的规定。

多层及高层钢结构中构件安装的允许偏差　表 4-51

项目	允许偏差(mm)	图例	检验方法
上、下柱连接处的错口	3.0		用钢尺检查
同一层柱的各柱顶高度差	5.0		用水准仪检查
同一根梁两端顶面的高差	l/1000，且不应大于 10.0		用水准仪检查
主梁与次梁表面的高差	±2.0		用直尺和钢尺检查
压型金属板在钢梁上相邻列的错位	15.00		用直尺和钢尺检查

i. 主体结构总高度的允许偏差应符合表 4-52 的规定。

多层及高层钢结构主体结构总高度的允许偏差　　　表 4-52

项目	允许偏差(mm)	图例
用相对标高控制安装	$\pm\sum(\Delta_h+\Delta_z+\Delta_w)$	H
用设计标高控制安装	$H/1000$,且不应大于 20.0 $-H/1000$,且不应小于 -20.0	
	$H/1000$,且不应大于 30.0 $-H/1000$,且不应小于 -30.0	
	$H/1000$,且不应大于 50.0 $-H/1000$,且不应小于 -50.0	
	$H/1000$,且不应大于 100.0 $-H/1000$,且不应小于 -100.0	

注：1. Δ_h 为每节柱子长度的制造允许偏差；
　　2. Δ_z 为每节柱子长度受荷载后的压缩值；
　　3. Δ_w 为每节柱子接头焊缝的收缩值。

j. 当钢构件安装在混凝土柱顶时，其支座中心对定位轴线偏差不应大于 10mm；当采用大型混凝土屋面板时，钢梁（或架）间距的偏差不应大于 10mm。

k. 多层及高层钢结构中钢吊车梁或直接承受动力荷载的构件，其安装的允许偏差应符合本节表 4-44 的规定。

l. 多层及高层钢结构中檩条、墙架等次要构件安装的允许偏差应符合本节表 4-45 的规定。

m. 多层及高层钢结构中钢平台、钢梯、栏杆安装应符合现行国家标准《固定式钢梯及平台安全要求 第 1 部分：钢直梯》GB 4053.1、《固定式钢梯及平台安全要求 第 2 部分：钢斜梯》GB 4053.2 和《固定式钢梯及平台安全要求 第 3 部分：工业防护栏杆及钢平台》GB 4053.3 的规定。钢平台、钢梯和防护栏杆安装的允许偏差应符合本节表 4-46 的规定。

n. 多层及高层钢结构中现场焊缝组对间隙的允许偏差应符合本节表 4-47 的规定。

3）空间结构安装工程

（1）支承面顶板和支承垫块检测

① 抽样频率

按支座数抽查 10%，且不应少于 4 处。

② 检测依据

检测依据为《钢结构工程施工质量验收标准》GB 50205。

③ 检测步骤

观察和用经纬仪、水准仪、水平尺和钢尺实测。

④ 检测结果评定

a. 钢网架结构支座定位轴线的位置、支座锚栓的规格应符合设计要求。

b. 支座支承垫块的种类、规格、摆放位置和朝向，应符合设计要求和国家现行有关标准的规定。橡胶垫块与刚性垫块之间或不同类型刚性垫块之间不得互换使用。

c. 支承面顶板的位置、标高、水平度以及支座锚栓位置的允许偏差，应符合表 4-53 的规定。支座锚栓的紧固应符合设计要求。

支承面顶板、支座锚栓位置的允许偏差　　　　表 4-53

项目		允许偏差(mm)
支承面顶板	位置	15.0
	顶面标高	0 −3.0
	顶面水平度	$L/1000$
支座锚栓	中心偏移	±5.0

注：L 为顶板长度。

d. 地脚螺栓（锚栓）尺寸的允许偏差，应符合本节表 4-40 的规定。支座锚栓的螺纹应受到保护。

（2）钢网架、网壳结构安装

① 抽样频率

按节点数抽查 5%，且不应少于 3 个。

② 检测依据

检测依据为《钢结构工程施工质量验收标准》GB 50205、《空间格构结构工程质量检验及评定标准》DG/T J08-89。

③ 检测仪器

用普通扳手、塞尺实测及观察检查；用钢尺、经纬仪和全站仪等实测。

④ 数据处理

a. 钢网架、网壳结构总拼完成后及屋面工程完成后，应分别测量其挠度值，所测挠度值不应超过相应荷载条件下挠度计算值的 1.15 倍。

跨度 24m 及以下钢网架、网壳结构测量下弦中央一点；跨度 24m 以上钢网架、网壳结构测量下弦中央一点及各向下弦跨度的四等分点。

b. 螺栓球节点网架、网壳总拼完成后，高强度螺栓与球节点应紧固连接，连接处不应出现有间隙、松动等未拧紧现象。

c. 小拼单元的允许偏差应符合表 4-54 的规定。

小拼单元的允许偏差　　　　表 4-54

项目		允许偏差(mm)
节点中心偏移	$D \leqslant 500$	2.0
	$D > 500$	3.0
杆件中心与节点中心的偏移	$d(b) \leqslant 200$	2.0
	$d(b) > 200$	3.0
杆件轴线的弯曲矢高	—	$l_1/1000$，且不大于 5.0
网格尺寸	$l \leqslant 5000$	±2.0
	$l > 5000$	±3.0

续表

项目		允许偏差(mm)
锥体(桁架)高度	$h \leqslant 5000$	±2.0
	$h > 5000$	±3.0
对角线尺寸	$A \leqslant 7000$	±3.0
	$A > 7000$	±4.0
平面桁架节点处杆件轴线错位	$d(b) \leqslant 200$	2.0
	$d(b) > 200$	3.0

注：D 为节点直径，d 为杆件直径，b 为杆件截面边长，l_1 为杆件长度，l 为网格尺寸，h 为锥体（桁架）高度，A 为网格对角线尺寸。

d. 分条或分块单元拼装长度的允许偏差应符合表 4-55 的规定。

分条或分块单元拼装长度的允许偏差 表 4-55

项目	允许偏差(mm)
分条、分块单元长度≤20m	±10.0
分条、分块单元长度>20m	±20.0

e. 钢网架、网壳结构安装完成后允许偏差应符合表 4-56 的规定。

钢网架、网壳结构安装的允许偏差 表 4-56

项目	允许偏差(mm)
纵向、横向长度	$\pm l/2000$，且不超过±40.0
支座中心偏移	$l/3000$，且不大于 30.0
周边支承网架、网壳相邻支座高差	$l_1/400$，且不大于 15.0
多点支承网架、网壳相邻支座高差	$l_1/800$，且不大于 30.0
支座最大高差	30.0

注：l 为纵向或横向长度；l_1 为相邻支座距离。

f. 钢网架、网壳结构安装完成后，其节点及杆件表面应干净，不应有明显的疤痕、泥沙和污垢。螺栓球节点应将所有接缝用油腻子填嵌严密，并应将多余螺孔密封。

（3）钢管桁架结构安装检测

① 抽样频率

钢管对接焊缝按同类接头抽查 20%，且不少于 5 个。其余均为全数检查。

② 检测依据

钢管桁架结构安装应检测钢管相贯节点焊缝的接头形式和坡口尺寸、焊缝质量等。

《钢结构工程施工质量验收标准》GB 50205；

《钢结构焊接规范》GB 50661。

③ 检测步骤

目视检查，用钢尺、塞尺、焊缝量规测量及用超声波探伤检测。

④ 数据处理

a. 钢管桁架结构相贯节点焊缝的坡口角度、间隙、钝边尺寸及焊脚尺寸应符合设计要求，当设计无要求时，应符合现行国家标准《钢结构焊接规范》GB 50661 的要求。

b. 钢管对接焊缝的质量等级应符合设计要求。当设计无要求时，应符合《钢结构焊接规范》GB 50661 的规定。

c. 钢管对接焊缝或沿截面围焊焊缝构造应符合设计要求。当设计无要求时,对于壁厚小于等于 6mm 的钢管,宜用 I 形坡口全周长加垫板单面全焊透焊缝;对于壁厚大于 6mm 的钢管,宜用 V 形坡口全周长加垫板单面全焊透焊缝。

d. 钢管结构中相互搭接支管的焊接顺序和隐蔽焊缝的焊接方法应符合设计要求。

(4) 索杆安装检测

① 抽样频率

全数检查。

② 技术要求

索杆结构安装施工检测内容包括:预应力施加顺序、分阶段张拉次数、各阶段张拉力和位移值等以及索杆节点外观等项目。

③ 检测步骤

现场观察或现场用钢尺、经纬仪、全站仪、测力仪或压力油表检测。

④ 检测结果评定

a. 索杆预应力施加方案包括预应力施加顺序、分阶段张拉次数、各阶段张拉力和位移值等应符合设计要求;各阶段张拉力值或位移变形值允许偏差为±10%。

b. 内力和位移测量调整后,索杆端锚具连接固定及保护措施应符合设计要求;索杆锚固长度、锚固螺纹旋合丝扣、螺母外侧露出丝扣等应满足设计要求,当设计无要求时,应符合表表 4-57 的规定。

索杆端锚固连接构造要求 表 4-57

项目	连接构造要求
锚固螺纹旋合丝扣	旋合长度不应小于 1.5d(d 为索杆直径)
螺母外侧露出丝扣	宜露出 2~3 扣

c. 预应力施加完毕,拉索、拉杆(含保护层)、锚具、销轴及其他连接件应无损伤。

(5) 膜结构安装检测

① 抽样频率

连接固定膜单元的耳板节点按同类连接件数抽查 10%,且不应少于 3 处。其余全数检查。

② 检测内容

膜结构安装检测应包括:膜单元连接节点检测、膜结构预张力施工及施工后外观检测等。

③ 检测仪器

用钢尺、水准仪、经纬仪、全站仪等检测。

④ 数据评定

预应力施加完毕,拉索、拉杆(含保护层)、锚具、销轴及其他连接件应无损伤。膜结构安装应按照经审核的膜单元总装图和分装图进行安装。膜单元安装前,应在地面按设计要求施加预应力,且将膜边拉伸至设计长度。

膜结构预张力施加应以施力点位移和外形尺寸达到设计要求为控制标准,位移和外形尺寸允许偏差不应超过±10%。

膜结构安装完毕后,其外形和建筑观感应符合设计要求;膜面应平整美观,无存水、漏水、渗水现象。

第5章 钢结构质量鉴定

5.1 钢结构可靠性鉴定

5.1.1 概述

1. 结构可靠性介绍

建筑物整个生命周期中的设计、施工、检测等工作,最根本的目的都是保证建筑物完成其预定功能。

建筑物的预定功能要求应包括以下几项:

(1)安全性。要求结构在正常施工和正常使用时,能承受可能出现的各种作用,以及在偶然荷载发生时和发生后,其局部可能破坏,但仍能保持必须的整体稳定性。

(2)适用性。要求结构在正常使用时能保证具有良好的工作性能,不出现过大的变形(例如挠度、侧移)和过宽的裂缝。

(3)耐久性。要求结构在正常使用及维护下具有足够的耐久性能,不发生钢筋锈蚀和混凝土风化等现象。

结构的安全性、适用性和耐久性总称为结构的可靠性。结构的可靠性,反映了结构在规定的时间内,在规定的条件下,完成预定功能的能力。"规定的条件"是指正常设计、正常施工、正常使用和正常维护。"规定的时间"是指"设计使用年限",即结构在规定的条件下所应达到的使用年限,结构或结构构件在此期限内不需进行大修加固就能够完成其预定的使用功能。我国对各类建筑结构的设计使用年限规定,如表5-1所示。

建筑结构设计使用年限分类　　　　表5-1

类别	结构类型	设计使用年限(年)
1	临时性结构	5
2	易于替换的结构构件	25
3	普通房屋和构筑物	50
4	纪念性建筑和特别重要建筑	100

注:结构设计使用年限是指设计规定的结构或结构构件不需要进行大修即可按其预期目的使用的时间。

学校和临时仓库若发生破坏,两者所产生的生命财产损失相差迥异,所以建筑物的用途不同,其重要程度也不同。因此,根据结构破坏可能产生的后果的严重性,采用不同的安全等级,如表5-2所示。建筑物中各类结构构件的安全等级,宜与整个结构的安全等级相同。对其中部分结构构件的安全等级可进行调整,但不得低于三级。

建筑结构的安全等级　　　　　　　　　　表 5-2

安全等级	破坏后果	建筑物类型
一级	很严重	重要的建筑结构
二级	严重	一般的建筑结构
三级	不严重	不重要的建筑结构

注：一般工业与民用建筑钢结构的安全等级应取为二级，其他特殊建筑钢结构的安全等级应根据具体情况另行确定。建筑物中各类结构构件的安全等级，宜与整个结构的安全等级相同。对其中部分结构构件的安全等级可进行调整，但不得低于三级。

结构安全等级不同，进行可靠性鉴定，结构承载力复核计算时，采用的结构的重要性系数也不同。规范规定，对于承载能力极限状态，应按荷载效应的基本组合或偶然组合进行荷载（效应）组合，其设计表达式为：

$$\gamma_0 S_d \leqslant R_d \tag{5-1}$$

式中　γ_0——结构重要性系数。在持久设计状况和短暂设计状况下，对安全等级为一级的结构构件，不应小于 1.1；对安全等级为二级的结构构件不应小于 1.0；对安全等级为三级的结构构件，不应小于 0.9；在地震设计状况下应取 1.0。

S_d——承载能力极限状态下作用组合的效应设计值。对持久设计状况和短暂设计状况应按作用的基本组合计算；对地震设计状况应按作用的地震组合计算。

R_d——结构构件的承载力设计值。

2. 钢结构可靠性鉴定的意义和分类

1）可靠性鉴定的意义

随着建筑物使用时间的增加，建筑物的材料性能会出现退化，实际承载力降低，变形逐渐增大，使用寿命出现一定的降低，导致破损情况的出现。

可靠性鉴定是对建筑的安全性（包括承载能力和整体稳定性）和使用性（包括适用性和耐久性）所进行的调查、检测、分析、验算和评定等一系列活动。

为有效地节约社会资源，对建筑结构进行科学的可靠性鉴定是非常有必要的，根据可靠性鉴定的结果，确认建筑的工作状态，并采取正确的维修维护措施，提升结构的可靠度，延长其使用寿命。

钢结构作为最重要、最常见的建筑结构形式之一，其可靠性鉴定有着十分重要的意义与社会价值。它能正确地评估钢结构建筑的客观情况，是人们对钢结构进行加固、改造、事故处理的最为重要的依据。所以说，钢结构可靠度的鉴定与评估过程必须是科学的、正确的、规范的，只有这样，才能确保建筑物的安全与正常使用，推动钢结构建筑的发展。

钢结构可靠性鉴定的现行国家规范主要包括《民用建筑可靠性鉴定标准》GB 50292、《工业建筑可靠性鉴定标准》GB 50144 等，本章主要基于以上规范，针对项目对检测工序进行总结、讲解和序化。

2）钢结构可靠性鉴定的对象和情况

钢结构可靠性鉴定根据建筑物的用途不同，分为民用建筑钢结构可靠性鉴定和工业建筑钢结构可靠性鉴定，其中工业建筑钢结构进行可靠性鉴定的情况主要包括以下几种：

(1) 达到设计使用年限拟继续使用时；

(2) 用途或使用环境改变时；

(3) 进行改造或改建或扩建时；

(4) 遭受灾害或事故时；

(5) 存在较严重的质量缺陷或者出现较严重的腐蚀、损伤、变形时。

民用建筑钢结构可靠性鉴定的情况主要包括以下几种：

(1) 建筑物大修前；

(2) 建筑物改造或增容、改建或扩建前；

(3) 建筑物改变用途或使用环境前；

(4) 建筑物达到设计使用年限拟继续使用时；

(5) 遭受灾害或事故时；

(6) 存在较严重的质量缺陷或出现较严重的腐蚀、损伤、变形时。

其实无论是民用建筑钢结构还是工业建筑钢结构，需要进行可靠性鉴定的情况，都可以总结为以下两种：

(1) 结构抗力可能发生改变，比如：达到设计使用年限拟继续使用、进行改造或改建或扩建、存在较严重的质量缺陷或者出现较严重的腐蚀、损伤、变形时、建筑物大修等；

(2) 外部荷载可能发生改变，比如：用途或使用环境改变。

为了能做好可靠性鉴定工作，首先要对钢结构建筑物进行现场检测。根据检测数据，对钢结构的安全性、适用性和耐久性进行客观、正确的鉴定，全面了解钢结构所存在的问题，最终得出建筑物的可靠性鉴定。在钢结构可靠性鉴定的基础上，才能分析各种因素，对实际工程需求作出安全、合理、经济、可行的方案。

3) 钢结构可靠性鉴定的分类

钢结构可靠性鉴定主要包括安全性鉴定和使用性鉴定。安全性鉴定是对结构承载力和结构整体稳定性所进行的调查、检测、验算、分析和评定等一系列活动。使用性鉴定是对建筑使用功能的适用性和耐久性所进行的调查、检测、验算、分析和评定等一系列活动。

钢结构的可靠性鉴定的结果，是以其安全性和使用性的鉴定结果为依据进行评定。

3. 钢结构可靠性鉴定的方法、程序和内容简介

1) 鉴定方法

根据被鉴定钢结构建、构筑物的结构体系、构造特点、工艺布置等不同，将复杂的钢结构体系分为相对简单的若干层次，然后分层分项地对钢结构进行检查，再逐层逐步地进行综合。

民用钢结构鉴定评级划分为构件、子单元和鉴定单元三个层次；把安全性和可靠性鉴定分别划分为四个等级；把使用性鉴定划分为三个等级。然后根据每一层次各检查项目的检查评定结果确定其安全性、使用性和可靠性的等级。

工业钢结构厂房可靠性鉴定评级划分为三个层次，最高层次为鉴定单元，中间层次为结构系统，最低层次为构件。其中，结构系统和构件两个层次的鉴定评级，包括安全性等级和使用性等级评定，需要时可根据安全性和使用性评级综合评定其可靠性等级。安全性分四个等级，使用性分三个等级，各层次的可靠性分四个等级。

当鉴定过程中出现严重影响结构可靠性的指标，比如建筑物处于有危房的建筑群中，且直接受到其威胁；建筑物朝一方向倾斜，且速度开始变快等情况时，可直接将建筑物可靠性评定为较低等级，以便及时采取对应措施，消除隐患。

所以，钢结构可靠性鉴定的方法可总结为：分层综合评定，结合单项指标控制。

2) 鉴定程序

为了能够更好地指导检测单位对钢结构建筑进行规范鉴定工作，根据我国钢结构建筑可靠性鉴定的长期实践经验，同时在参考了其他国家有关的标准、指南和手册的基础上，确定了这种系统性鉴定的工作程序。

钢结构的可靠性鉴定的一般程序包括：接受委托并进行初步调查，明确鉴定的目标、范围、内容；初步调查；制订鉴定方案；详细调查与检测；可靠性分析与验算；可靠性评定；鉴定报告等。在可靠性鉴定过程中，若发现调查检测资料不足或不准确时，要及时进行补充调查、检测。对于那些存在问题十分明显且特别严重，但通过状态分析与初步校核能作出明确判断的工程项目，实际应用鉴定程序时可以根据实际情况和鉴定要求作适当的简化。检测单位在按照上述的鉴定程序执行时，不能生搬硬套，而要根据实际问题的性质进行具体安排，从而更好地开展检测鉴定工作（图 5-1）。

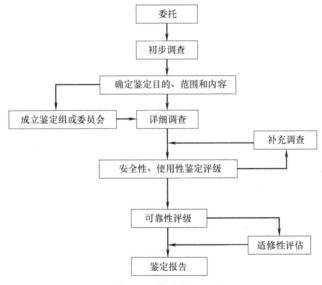

图 5-1 鉴定流程图

3) 鉴定内容

接受鉴定委托时根据委托方提出的鉴定原因和要求，经协商后确定鉴定的目的、范围和内容。通过查阅图纸资料、调查钢结构建筑的历史情况、考察现场、调查钢结构的实际状况、使用条件、内外环境，以及目前存在的问题，以确定详细调查与检测的工作大纲，拟订鉴定方案。鉴定方案应根据鉴定对象的特点和初步调查结果、鉴定目的和要求制订。鉴定方案的内容应包括检测鉴定的依据、详细调查与检测的工作内容、检测方案和主要检测方法、工作进度计划及需由委托方完成的准备工作等。这些都是搞好后续工作的前提条件，是进入现场进行详细调查、检测需要做好的准备工作。同时，接受鉴定委托，不仅要明确鉴定目的、范围和内容，同时还要按规定要求搞好初步调查，特别是对比较复杂或陌生的工程项目更要做好初步调查工作，才能起草制订出符合实际、符合要求的鉴定方案，确定下一步工作大纲并指导以后的工作。

这些工作内容，可根据实际鉴定需要进行选择，其中绝大部分是需要在现场完成的。工程鉴定实践表明，搞好现场详细调查与检测工作，才能获得可靠的数据、必要的资料，是进行下一步可靠性分析、验算与评定工作的基础，也就是说，确保详细调查与检测工作的质量，是决定可靠性鉴定工作好坏的关键之一。

5.1.2 前期调查与检测

民用建筑是指已建成可以验收的和已投入使用的非生产性的居住建筑和公共建筑。

民用建筑钢结构可靠性鉴定包括安全性鉴定和使用性鉴定，在下列情况下，可仅进行安全性检查鉴定：

(1) 各种应急鉴定；
(2) 国家法规规定的房屋安全性统一检查；
(3) 临时性房屋需延长使用期限；
(4) 使用性鉴定中发现安全问题。

在下列情况下，可仅进行使用性检查或鉴定：

(1) 建筑物使用维护的常规检查；
(2) 建筑物有较高的舒适度要求。

在下列情况下，应进行专项鉴定：

(1) 结构的维修改造有专门要求时；
(2) 结构存在耐久性损伤影响其耐久年限时；
(3) 结构存在明显的振动影响时；
(4) 结构需进行长期监测时。

鉴定对象可以是整幢建筑或所划分的相对独立的鉴定单元，也可以是其中某一子单元或某一构件集。鉴定的目标使用年限，应根据该民用建筑的使用史、当前安全状况和今后维护制度，由建筑产权人和鉴定机构共同商定。对超过设计使用年限的建筑，其目标使用年限不宜多于10年。对需要采取加固措施的建筑，其目标使用年限应按现行相关结构加固设计规范的规定进行确定。

1. 初步调查

为了保证现场检测工作的顺利和结果判定的准确，需要前期对检测对象进行初步调查和资料收集等工作。初步调查宜包括下列基本工作内容：

(1) 查阅图纸资料，包括岩土工程勘察报告、设计计算书、设计变更记录、施工图、施工及施工变更记录、竣工图、竣工质检及验收文件（包括隐蔽工程验收记录）、定点观测记录、事故处理报告、维修记录、历次加固改造图纸等。

在实际工程中，特别是老旧危房的可靠性鉴定，因设计资料保管不当或者没有设计资料，导致图纸不全甚至没有设计图纸，就需要根据现场调查与检测结果恢复必须的设计信息，如：建筑平面布置图、必要的结构施工图等。

(2) 查询建筑物历史，如原始施工、历次修缮、加固、改造、用途变更、使用条件改变以及受灾等情况。

(3) 考察现场，按资料核对实物现状；调查建筑物实际使用条件和内外环境、查看已发现的问题、听取有关人员的意见等。

(4）填写初步调查表。

(5）制订详细调查计划及检测、试验工作大纲并提出需由委托方完成的准备工作。

2. 现场调查检测

前期现场调查检测的内容主要包括结构上的作用、建筑所处环境与使用历史情况等。

结构上作用的调查与检测，可根据建筑物的具体情况以及鉴定的内容和要求，选择以下调查项目。

(1）永久作用：结构构件、建筑配件、楼、地面装修等自重；土压力、水压力、地基变形、预应力等作用。

(2）可变作用：楼面活荷载，屋面活荷载，工业区内民用建筑屋面积灰荷载，雪、冰荷载，风荷载，温度作用，动力作用。

(3）灾害作用：地震作用，爆炸、撞击、火灾、洪水、滑坡、泥石流等地质灾害，飓风、龙卷风等。

建筑物的使用环境应包括周围的气象环境、地质环境、结构工作环境和灾害环境。建筑物结构与构件所处的环境类别包括一般大气环境、冻融环境、近海环境、接触除冰盐环境和化学介质侵蚀环境。

建筑物使用历史的调查，包括建筑物设计与施工、用途和使用年限、历次检测、维修与加固、用途变更与改扩建、使用荷载与动荷载作用以及遭受灾害和事故情况。

5.1.3 民用建筑钢结构安全性鉴定

1. 鉴定步骤概述

为了更好地取得民用建筑的可靠性鉴定结论，以分级模式设计的评定程序为依据，可以将复杂的建筑结构体系分为相对简单的若干层次，然后分层分项地对房屋建筑进行检查，再逐层逐步地进行综合。为此，根据民用建筑的特点，在分析结构失效过程逻辑关系的基础上，可以将被鉴定的建筑物划分为构件（含连接）、子单元和鉴定单元三个层次；把安全性和可靠性鉴定分别划分为四个等级；把使用性鉴定划分为三个等级。实际工作中，可细分为以下步骤：

(1）各代表层（或区）钢结构构件检查项目的检查和评定，包括承载能力、构造和不适于承载的位移（或变形）；

(2）根据各代表层（或区）构件各检查项目评定结果，确定单个构件等级；

(3）根据各代表层（或区）同类型构件下抽检的单个构件等级，评定该类型构件的构件集安全性等级；

(4）根据代表层（或区）中各主要构件之间的最低等级确定各代表层（或区）的安全性等级；

(5）根据各代表层（或区）的安全性等级，评定上部结构承载功能的安全性等级；

(6）检查评定结构整体性等级的四个检查项目：结构布置及构造、支撑系统或其他抗侧力系统的构造、结构、构件间的联系和砌体结构中圈梁及构造柱的布置与构造，其中圈梁及构造柱的布置和构造，若评定结构中未设置则不需要评定；

(7）根据结构整体性等级的四个检查项目结果评定结构整体性等级；

(8）检查评定上部承重结构不适于承载的侧向位移；

（9）根据上部结构承载功能、结构侧向位移（或倾斜）以及结构整体性等级评定上部承重结构（子单元）的安全性等级；

（10）检查评定围护系统的安全性等级；

（11）检查评定地基基础的安全性等级；

（12）根据上部承重结构的安全性等级、围护系统的安全性等级和地基基础三个子单元的安全性等级，评定建筑物（鉴定单元）的安全性等级（图 5-2）。

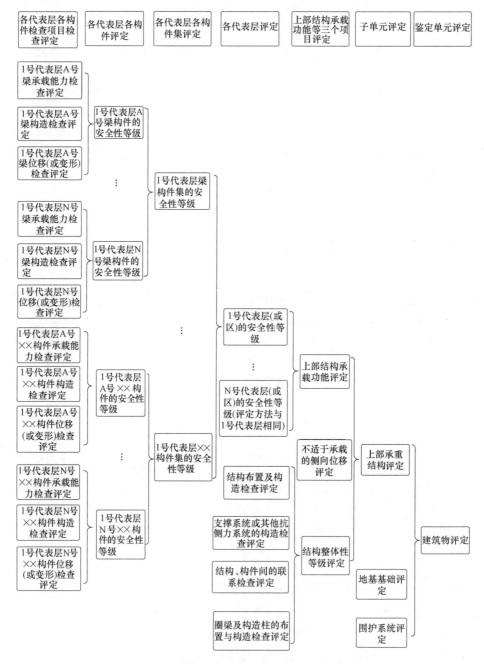

图 5-2 钢结构安全性鉴定步骤示意图

2. 上部承重结构构件项目检查与评定

1) 代表层抽取

上部承重结构进行检查评定时,需要首先在标准层中随机抽取代表层进行检查,若鉴定单元房屋的层数为 m,则随机抽取代表层数为 $\sqrt{m}$ 层(对单层房屋为区,以下同),作为评定对象;若 $\sqrt{m}$ 为非整数,应多取一层;对一般单层房屋,宜以原设计的每一计算单元为一区,并随机抽取 $\sqrt{m}$ 区为代表区作为评定对象。

对于前期现场调查过程中发现有问题和隐患的楼层着重检查。

除随机抽取的标准层外,应另增底层和顶层,以及高层建筑的转换层和避难层为代表层。代表层构件包括该层楼板及其下的梁、柱、墙等。

如某建筑物总共 10 层,$\sqrt{m}=3.16$,需要随机抽取 4 层中间层,以及底层和顶层。

2) 确认构件集

宜按结构分析或构件校核所采用的计算模型,将代表层(或区)中的承重构件划分为若干主要构件和一般构件。主要构件是指其自身失效将导致其他构件失效,并危及承重结构系统安全工作的构件。一般构件是指其自身失效为孤立事件,不会导致其他构件失效的构件。将代表层的同类型构件汇总为各代表层构件进行评定。

3) 构件选择

鉴定过程中应选择数量足够,代表性强的构件进行检测,构件集中的构件尚应符合下列要求:

(1) 当建筑物中的构件同时符合下列条件时,可不参与鉴定:

① 该构件未受结构性改变、修复、修理或用途,或使用条件改变的影响;

② 该构件未遭明显的损坏;

③ 该构件工作正常,且不怀疑其可靠性不足;

④ 在下一目标使用年限内,该构件所承受的作用和所处的环境,与过去相比不会发生显著变化。

(2) 当检查一种构件的材料由于与时间有关的环境效应或其他均匀作用的因素引起的性能变化时,允许采用随机抽样的方法,在该种构件中取 5～10 个构件作为检测对象,并按现行检测方法标准规定的从每一构件上切取的试件数或划定的测点数,测定其材料强度或其他力学性能。当构件总数少于 5 个时,应逐个进行检测。对该种构件的材料强度检测有较严的要求时,也可通过协商适当增加受检构件的数量。

4) 按承载能力评定钢结构构件的安全性等级

钢结构构件的安全性鉴定,应按承载能力、构造以及不适于承载的位移(或变形)等三个检查项目,分别评定每一受检构件等级;钢结构节点、连接域的安全性鉴定,应按承载能力和构造两个检查项目,分别评定每一节点、连接域等级;对冷弯薄壁型钢结构、轻钢结构、钢桩以及地处有腐蚀性介质的工业区,或高湿、临海地区的钢结构,尚应以不适于承载的锈蚀作为检查项目评定其等级。

当按承载能力评定钢结构构件的安全性等级时,要按表 5-3 的规定分别评定每一验算项目的等级,并取其中最低等级作为该构件承载能力的安全性等级。

按承载能力评定的钢结构构件安全性等级　　　　　表 5-3

构件类别	安全性等级			
	a_u 级	b_u 级	c_u 级	d_u 级
主要构件及节点、连接域	$R/(\gamma_0 S)$ $\geqslant 1.00$	$R/(\gamma_0 S)$ $\geqslant 0.95$	$R/(\gamma_0 S)$ $\geqslant 0.90$	$R/(\gamma_0 S) < 0.90$ 或当构件或连接出现脆性断裂、疲劳开裂或局部失稳变形迹象时
一般构件	$R/(\gamma_0 S)$ $\geqslant 1.00$	$R/(\gamma_0 S)$ $\geqslant 0.90$	$R/(\gamma_0 S)$ $\geqslant 0.85$	$R/(\gamma_0 S) < 0.85$ 或当构件或连接出现脆性断裂、疲劳开裂或局部失稳变形迹象时

注：1. 表中 R 和 S 分别为结构构件的抗力和作用效应，按《民用建筑可靠性鉴定标准》GB 50292—2015 第 5.1.2 条的要求确定；γ_0 为结构重要性系数，按现行国家标准《建筑结构可靠度设计统一标准》GB 50068 和《钢结构设计标准》GB 50017 或现行相关规范的规定选择安全等级，并确定本系数的取值。
2. 结构倾覆、滑移、疲劳、脆断的验算，按国家现行相关规范的规定进行。
3. 节点、连接域的验算包括其板件和连接的验算。

当验算被鉴定结构或构件的承载能力时，应遵守下列规定：

（1）结构构件验算采用的结构分析方法，应符合国家现行设计规范的规定。

（2）结构构件验算使用的计算模型，应符合其实际受力与构造状况。

（3）结构上的作用应经调查或检测核实，并应按《民用建筑可靠性鉴定标准》GB 50292—2015 附录 J "结构上的作用标准值的确定方法" 的规定取值。

（4）结构构件作用效应的确定，应符合下列要求：

① 作用的组合、作用的分项系数及组合值系数，应按现行国家标准《建筑结构荷载规范》GB 50009 的规定执行；

② 当结构受到温度、变形等作用，且对其承载有显著影响时，应计入由之产生的附加内力。

（5）构件材料强度的标准值应根据结构的实际状态按下列原则确定：

① 若原设计文件有效，且不怀疑结构有严重的性能退化或设计、施工偏差，可采用原设计的标准值；

② 若调查表明实际情况不符合上款的要求，应按《民用建筑可靠性鉴定标准》GB 50292—2015 附录 L "按检测结果确定构件材料强度标准值的方法" 的规定进行现场检测，并确定其标准值。

（6）结构或构件的几何参数应采用实测值，并应计入锈蚀、腐蚀、腐朽、虫蛀、风化、裂缝、缺陷、损伤以及施工偏差等的影响。

（7）当怀疑设计有错误时，应对原设计计算书、施工图或竣工图，重新进行一次复核。

5）按构造评定钢结构构件的安全性等级

在钢结构的安全事故中，由于构件构造或节点连接构造不当而引起的各种破坏（如失稳以及过度应力集中、次应力所造成的破坏等）占有相当的比例，这是因为在任何情况下，构造的正确性与可靠性总是钢结构构件保持正常承载能力的最重要保证。一旦构造（特别是节点连接构造）出了严重问题，便会直接危及结构构件的安全。为此，将它们列为与承载能力验算同等重要的检查项目。与此同时，考虑到钢结构构件的构造与节点、连接构造在概念与形式上的不同，因此钢结构节点、连接构造的评定内容也需要单独进行安全性评级。在按构造评定钢结构构件的安全性等级时，通常按表 5-4 的规定分别评定每个检查项目的等级，并取其中最低等级作为该构件构造的安全性等级。

第5章 钢结构质量鉴定

按构造评定的钢结构构件安全性等级   表 5-4

检查项目	安全性等级	
	a_u 级或 b_u 级	c_u 级或 d_u 级
构件构造	构件组成形式、长细比或高跨比、宽厚比或高厚比等符合国家现行相关规范要求;无缺陷,或仅有局部表面缺陷;工作无异常	构件组成形式、长细比或高跨比、宽厚比或高厚比等不符合国家现行相关规范要求;存在明显缺陷,已影响或显著影响正常工作
节点、连接构造	节点构造、连接方式正确,符合国家现行相关规范要求;构造无缺陷或仅有局部的表面缺陷,工作无异常	节点构造、连接方式不当,不符合国家现行相关规范要求;构造有明显缺陷,已影响或显著影响正常工作

注:1. 构造缺陷还包括施工遗留的缺陷:对焊缝系指夹渣、气泡、咬边、烧穿、漏焊、少焊、未焊透以及焊脚尺寸不足等;对铆钉或螺栓系指漏铆、漏栓、错位、错排及掉头等;其他施工遗留的缺陷根据实际情况确定。
2. 节点、连接构造的局部表面缺陷包括焊缝表面质量稍差、焊缝尺寸稍有不足、连接板位置稍有偏差等;节点、连接构造的明显缺陷包括焊接部位有裂纹,部分螺栓或铆钉有松动、变形、断裂、脱落或节点板、连接板、铸件有裂纹或显著变形等。

当需通过荷载试验评估结构构件的安全性时,应按现行专门标准进行。若检验结果表明,其承载能力符合设计和规范要求,可根据其完好程度,定为 a_u 级或 b_u 级;若承载能力不符合设计和规范要求,可根据其严重程度,定为 c_u 级或 d_u 级。

6)按不适于承载的位移或变形评定钢结构构件的安全性

对钢桁架(屋架、托架)的挠度,当其实测值大于桁架计算跨度的 $l/400$ 时,就要按承载能力评定其安全性等级。验算时还要考虑由于位移产生的附加应力的影响,如果验算结果不低于 b_u 级,仍定为 b_u 级,但应当另外观察使用一段时间;如果验算结果低于 b_u 级,则应根据其实际严重程度定为 c_u 级或 d_u 级。另外,当桁架顶点的侧向位移实测值大于桁架高度的 $1/200$,并且有可能发展时,也定为 c_u 级或 d_u 级。

对于其他以受弯为主要承载方式的钢结构构件,根据构件挠度或偏差造成的侧向弯曲值,结合表 5-5 来进行评级。

钢结构受弯构件不适于承载的变形的评定   表 5-5

检查项目	构件类别		c_u 级或 d_u 级
挠度	主要构件	网架 屋盖(短向)	$>l_s/250$,且可能发展
		网架 楼盖(短向)	$>l_s/200$,且可能发展
		主梁、托梁	$>l_0/200$
	一般构件	其他梁	$>l_0/150$
		檩条梁	$>l_0/100$
侧向弯曲的矢高	深梁		$>l_0/400$
	一般实腹梁		$>l_0/350$

注:表中 l_0 为构件计算跨度;l_s 为网架短向计算跨度。

对于钢结构构件柱顶的水平位移(或倾斜)实测值大于相关标准所列的限值的情况,如果位移与整个结构有关,应根据评定结果,取与上部承重结构相同的级别作为该柱的水平位移等级。若该位移只是孤立事件,就将这一附加位移的影响考虑到承载能力验算中,

验算结果不低于 b_u 级时，仍定为 b_u 级，但应当额外观察使用一段时间；当验算结果低于 b_u 级时，则根据其实际严重程度定为 c_u 级或 d_u 级；若该位移还在发展，应该直接定为 d_u 级。

偏差超限或其他使用原因有时会引起的柱（包括桁架受压弦杆）的弯曲，当弯曲矢高实测值大于柱的自由长度的 1/660 时，就要在承载能力的验算中考虑其所引起的附加弯矩的影响。如果验算结果不低于 b_u 级，仍定为 b_u 级，但应当另外观察使用一段时间；验算结果低于 b_u 级时，则根据其实际严重程度定为 c_u 级或 d_u 级。

对钢桁架中有整体弯曲变形但无明显局部缺陷的双角钢受压腹杆，其整体弯曲变形不大于表 5-6 规定的限值时，其安全性可根据实际完好程度评为 a_u 级或 b_u 级；若整体弯曲变形已大于该表规定的限值时，应根据实际严重程度评为 c_u 级或 d_u 级。

钢桁架双角钢受压腹杆双向弯曲变形限值　　　　　　表 5-6

$\sigma=N/\phi A$	对 a_u 级和 b_u 级压杆的双向弯曲限值				
	方向	弯曲矢高与杆件长度之比			
f	平面外	1/550	1/750	≤1/850	—
	平面内	1/1000	1/900	1/800	—
$0.9f$	平面外	1/350	1/450	1/550	≤1/850
	平面内	1/1000	1/750	1/650	1/500
$0.8f$	平面外	1/250	1/350	1/550	≤1/850
	平面内	1/1000	1/500	1/400	1/350
$0.7f$	平面外	1/200	1/250	≤1/300	—
	平面内	1/750	1/450	1/350	—
≤$0.6f$	平面外	1/150	≤1/200	—	—
	平面内	1/400	1/350	—	—

7) 按不适于承载的锈蚀评定钢结构构件的安全性

随着我国冶金工业的发展，应用于建筑工程中的钢材品种、规格和数量迅速增加，质量和性能稳步提高，钢结构技术的应用亦日益广泛。由于钢结构容易锈蚀，所以，钢结构防锈成为钢结构工程中不可缺少的重要一环。随着技术进步和科技的发展，结构防锈措施越来越多，施工工艺也不尽相同，基于钢结构的形式及所处的外围环境的不同，对钢结构的防锈应相应地采取不同的措施。在采取这些措施之前，就需要针对检测和调查结果，按照构件锈蚀情况评定其安全性。钢结构构件的安全性按不适于承载的锈蚀评定，除了按剩余的完好截面验算其承载能力外，还要按表 5-7 的规定评级。

钢结构构件不适于承载的锈蚀的评定　　　　　　表 5-7

等级	评定标准
c_u	在结构的主要受力部位，构件截面平均锈蚀深度 Δt 大于 $0.1t$，但不大于 $0.15t$
d_u	在结构的主要受力部位，构件截面平均锈蚀深度 Δt 大于 $0.15t$

注：表中 t 为锈蚀部位构件原截面的壁厚，或钢板的板厚。按剩余完好截面验算构件承载能力时，应考虑锈蚀产生的受力偏心效应。

8) 钢索和节点的安全性评价

钢索是钢结构中常用的受拉构件。与普通钢拉杆不同，钢索构件通常由一组钢丝与锚具组合而成，因而，影响钢索安全性的因素也不同，甚至更多。因此，对钢索构件的安全性进行评定时，除按以上有关钢结构规定的项目评级外，还要考虑到一些补充项目，例如：

(1) 索中有断丝，若断丝数不超过索中钢丝总数的5%，可定为c_u级；若断丝数超过5%，应定为d_u级。

(2) 索构件发生松弛，应根据其实际严重程度定为c_u级或d_u级。

(3) 当索节点锚具出现裂纹，或索节点出现滑移，抑或索节点锚塞出现渗水裂缝时，应直接将构件的安全性等级定为d_u级。

常用的钢网架结构节点有两类：焊接空心球节点和螺栓球节点。由于节点本身的构造及施工都比较复杂，导致节点处的受力很难准确分析，因此，对钢网架结构的焊接空心球节点和螺栓球节点进行安全性鉴定时，首先按承载能力及构造项目评级，其次要综合考虑下列项目进行评级：

(1) 空心球壳出现可见的变形时，应定为c_u级；

(2) 空心球壳出现裂纹时，应定为d_u级；

(3) 螺栓球节点的筒松动时，应定为c_u级；

(4) 螺栓未能按设计要求的长度拧入螺栓球时，应定为d_u级；

(5) 螺栓球出现裂纹，应定为d_u级；

(6) 螺栓球节点的螺栓出现脱丝，应定为d_u级。

大跨度钢结构的支座节点，通常需要满足一定的移动或变形功能，如果规定的移动或变形功能不能满足要求，结构的内力状态或结构受力性能将受到影响，以致影响结构的安全性。当摩擦型高强度螺栓连接其摩擦面有翘曲而未能形成闭合面时，应直接定为c_u级；当大跨度钢结构铰支座不能实现设计所要求的转动或滑移时，定为c_u级；当支座的焊缝出现裂纹、锚栓出现变形或断裂时，定为d_u级；当橡胶支座的橡胶板与螺栓（或锚栓）发生挤压变形时，定为c_u级；当橡胶支座板相对支承柱（或梁）顶面发生滑移时，定为c_u级；当橡胶支座板严重老化时，应直接定为d_u级。

3. 上部承重结构构件安全性等级评定

(1) 钢结构构件的安全性鉴定，应按承载能力、构造以及不适于承载的位移（或变形）等三个检查项目，分别评定每一受检构件等级；

(2) 钢结构节点、连接域的安全性鉴定，应按承载能力和构造两个检查项目，分别评定每一节点、连接域等级；

(3) 对冷弯薄壁型钢结构、轻钢结构、钢桩以及地处有腐蚀性介质的工业区，或高湿、临海地区的钢结构，尚应以不适于承载的锈蚀作为检查项目评定其等级；

(4) 取各检查项目中安全性评级最低一级作为该构件的安全性等级。

所以，构件的安全性等级也分为a_u、b_u、c_u、d_u 4个等级。

4. 上部承重结构各代表层构件集安全性等级评定

在代表层（或区）中，评定一种主要构件集的安全性等级时，可根据该种构件集内每一受检构件的评定结果，按表5-8的分级标准评级。

主要构件及安全性等级的评定　　　　　　　　　　　　　　表 5-8

等级	多层及高层房屋	单层房屋
A_u	该构件集内,不含 c_u 级和 d_u 级,可含 b_u 级,但含量不多于 25%	该构件集内,不含 c_u 级和 d_u 级,可含 b_u 级,但含量不多于 30%
B_u	该构件集内,不含 d_u 级;可含 c_u 级,但含量不应多于 15%	该构件集内,不含 d_u 级,可含 c_u 级,但含量不应多于 20%
C_u	该构件集内,可含 c_u 级和 d_u 级;若仅含 c_u 级,其含量不应多于 40%;若仅含 d_u 级,其含量不应多于 10%;若同时含有 c_u 级和 d_u 级,c_u 级含量不应多于 25%;d_u 级含量不应多于 3%	该构件集内,可含 c_u 级和 d_u 级;若仅含 c_u 级,其含量不应多于 50%;若仅含 d_u 级,其含量不应多于 15%;若同时含有 c_u 级和 d_u 级,c_u 级含量不应多于 30%;d_u 级含量不应多于 5%
D_u	该构件集内,c_u 级或 d_u 级含量多于 c_u 级的规定数	该构件集内,c_u 级和 d_u 级含量多于 c_u 级的规定数

注：当计算的构件数为非整数时,应多取一根。

案例：某建筑物 3 层钢柱构件集含有 12 根钢柱,评级结果如表 5-9 所示。

代表层安全性等级的评定示例　　　　　　　　　　　　　　表 5-9

构件名称	构件评级	评定原则	3 层钢柱构件集评级
1/A 钢柱	a_u		
1/B 钢柱	a_u		
1/C 钢柱	b_u		
2/A 钢柱	b_u	该代表层柱构件集为主要构件集,其中最低评级为 c_u 级,含量为 8.3%,按照表 5-8 由高等级向低等级逐级核对,满足等级 B_u 的要求	B_u
2/B 钢柱	a_u		
2/C 钢柱	a_u		
3/A 钢柱	c_u		
3/B 钢柱	a_u		
3/C 钢柱	a_u		
4/A 钢柱	a_u		
4/B 钢柱	a_u		
4/C 钢柱	a_u		

在代表层（或区）中,评定一种一般构件集的安全性等级时,可根据该种构件集内每一受检构件的评定结果,按表 5-10 所示的分级标准评级。

一般构件集安全性等级的评定　　　　　　　　　　　　　　表 5-10

等级	多层及高层房屋	单层房屋
A_u	该构件集内,不含 c_u 级和 d_u 级,可含 b_u 级,但含量不应多于 30%	该构件集内,不含 c_u 级和 d_u 级,可含 b_u 级,但含量不应多于 35%
B_u	该构件集内,不含 d_u 级,可含 c_u 级,但含量不应多于 20%	该构件集内,不含 d_u 级,可含 c_u 级,但含量不应多于 25%
C_u	该构件集内,可含 c_u 级和 d_u 级,但 c_u 级含量不应多于 40%;d_u 级含量不应多于 10%	该构件集内,可含 c_u 级和 d_u 级,但 c_u 级含量不应多于 50%;d_u 级含量不应多于 15%
D_u	该构件集内,c_u 级或 d_u 级含量多于 c_u 级的规定数	该构件集内,c_u 级和 d_u 级含量多于 c_u 级的规定数

5. 上部承重结构各代表层安全性等级评定

（1）各代表层（或区）的安全性等级，应按该代表层（或区）中各主要构件集间的最低等级确定。

（2）当代表层（或区）中一般构件集的最低等级比主要构件集最低等级低二级或三级时，该代表层（或区）所评的安全性等级应降一级或降二级。

在实际工程中，某一建筑物代表层的构件可能包含钢构件、混凝土构件和砌体构件等，应按照规范中不同材料构件的评定要求，评定构件和构件集的安全性等级，再按上述规定评定各代表层（或区）的安全性等级。

比如某代表层包含钢柱、钢梁和混凝土板，其中钢柱、钢梁作为主要构件集，混凝土板作为一般构件集，不同情况下的评定结果如表5-11所示。

代表层安全性等级的评定示例　　　　　　　　　　　表5-11

代表层	构件类别	构件名称	构件集评级	表层评级
3层	主要构件	3层钢柱	A_u	B_u
		3层钢梁	B_u	
	一般构件	3层混凝土板	C_u	
4层	主要构件	4层钢柱	A_u	B_u
		4层钢梁	A_u	
	一般构件	4层混凝土板	C_u	

6. 上部承重结构的承载功能安全性等级评定

上部结构承载功能的安全性等级，可按表5-12确定。

上部结构承载力安全性等级评定　　　　　　　　　　　表5-12

序号	要求	级别
1	不含C_u级和D_u级代表层（或区）；可含B_u级，但含量不多于30%	A_u级
2	不含D_u级代表层（或区）；可含C_u级，但含量不多于15%	B_u级
3	可含C_u级和D_u级代表层（或区）；若仅含C_u级，其含量不多于50%；若仅含D_u级，其含量不多于10%；若同时含有C_u级和D_u级，其C_u级含量不应多于25%，D_u级含量不应多于5%	C_u级
4	其C_u级或D_u级代表层（或区）的含量多于C_u级的规定数	D_u级

案例：某建筑物总共10层，其上部结构承载功能的安全性等级，按表5-13进行评定。

上部结构承载力安全性等级评定示例　　　　　　　　　　　表5-13

代表层	代表层评级	评定原则	上部结构承载功能的安全性等级评级
1	B_u	该代表层最低评级为C_u级，含量为17%，按照表5-12由高等级向低等级逐级核对，满足等级C_u的要求	C_u
2	A_u		
4	A_u		
7	A_u		
8	C_u		
10	B_u		

7. 不适于承载的侧向位移评级

对上部承重结构不适于承载的侧向位移,包含顶点位移和层间位移两个检测项目,应根据其检测结果,按下列规定评级:

(1) 当检测值已超出表 5-14 界限,且有部分构件(含连接、节点域,地下同)出现裂缝、变形或其他局部损坏迹象时,应根据实际严重程度定为 C_u 级或 D_u 级。

(2) 当检测值虽已超出表 5-14 界限,但尚未发现上款所述情况时,应进一步进行计入该位移影响的结构内力计算分析,并验算各构件的承载能力,若验算结果均不低于 b_u 级,仍可将该结构定为 B_u 级,但宜附加观察使用一段时间的限制。若构件承载能力的验算结果有低于 b_u 级时,应定为 C_u 级。

钢结构不适于继续承载的侧向位移的评定　　　　表 5-14

检查项目	结构类别			顶点位移 C_u 级或 D_u 级	层间位移 C_u 级或 D_u 级
结构平面内的侧向位移	钢结构	单层建筑		>H/150	—
		多层建筑		>H/200	>H_i/150
		高层建筑	框架	>H/250 或 >300mm	>H_i/150
			框架剪力墙框架筒体	>H/300 或 >400mm	>H_i/250
	单层排架平面外侧倾			>H/350	—

注:表中 H 为结构顶点高度;H_i 为第 i 层层间高度。

8. 结构整体性等级评级

当评定结构整体性等级时,先评定其四个检查项目的等级。

1) 结构布置及构造

(1) 布置合理,形成完整的体系,且结构选型及传力路线设计正确,符合现行设计规范要求,评为 A_u 级或 B_u 级。

(2) 布置不合理,存在薄弱环节,未形成完整的体系;或结构选型、传力路线设计不当,不符合现行设计规范要求,或结构产生明显振动,评为 C_u 级或 D_u 级。

2) 支撑系统或其他抗侧力系统的构造

(1) 构件长细比及连接构造符合现行设计规范要求,形成完整的支撑系统,无明显残损或施工缺陷,能传递各种侧向作用,评为 A_u 级或 B_u 级。

(2) 构件长细比或连接构造不符合现行设计规范要求,未形成完整的支撑系统,或构件连接已失效或有严重缺陷,不能传递各种侧向作用,评为 C_u 级或 D_u 级。

3) 结构、构件间的联系

(1) 设计合理、无疏漏;锚固、拉结、连接方式正确、可靠,无松动变形或其他残损,评为 A_u 级或 B_u 级。

(2) 设计不合理,多处疏漏;或锚固、拉结、连接不当,或已松动变形,或已残损,评为 C_u 级或 D_u 级。

4) 砌体结构中圈梁及构造柱的布置与构造

(1) 布置正确，截面尺寸、配筋及材料强度等符合现行设计规范要求，无裂缝或其他残损，能起封闭系统作用，评为 A_u 级或 B_u 级；

(2) 布置不当，截面尺寸、配筋及材料强度不符合现行设计规范要求，已开裂，或有其他残损，或不能起封闭系统作用，评为 C_u 级或 D_u 级。

若四个检查项目均不低于 B_u 级，可按占多数的等级确定；若仅一个检查项目低于 B_u 级，可根据实际情况定为 B_u 级或 C_u 级。

9. 上部承重结构的安全性等级评级

一般情况下，应按上部结构承载功能和结构侧向位移（或倾斜）的评级结果，取其中较低一级作为上部承重结构（子单元）的安全性等级。

当存在下列情况时，需要对上部承重结构的安全性等级进行降级处理。

1）当上部承重结构评为 B_u 级，但若发现各主要构件集所含的 c_u 级构件（或其节点、连接域）处于下列情况之一时，宜将所评等级降为 C_u 级：

(1) 出现 c_u 级构件交汇的节点连接；

(2) 不止一个 c_u 级存在于人群密集场所或其他破坏后果严重的部位。

2）当上部承重结构评为 C_u 级，但若发现其主要构件集有下列情况之一时，宜将所评等级降为 D_u 级：

(1) 多层或高层房屋中，其底层柱集为 C_u 级；

(2) 多层或高层房屋的底层，或任一空旷层，或框支剪力墙结构的框架层的柱集为 D_u 级；

(3) 在人群密集场所或其他破坏后果严重部位，出现不止一个 d_u 级构件。

3）当上部承重结构评为 A_u 级或 B_u 级，而结构整体性等级为 C_u 级或 D_u 级时，应将所评的上部承重结构安全性等级降为 C_u 级。

4）当上部承重结构在按本条第 3）点的规定作了调整后仍为 A_u 级或 B_u 级，但若发现被评为 C_u 级或 D_u 级的一般构件集，已被设计成参与支撑系统或其他抗侧力系统工作，或已在抗震加固中，加强了其与主要构件集的锚固；应将上部承重结构所评的安全性等级降为 C_u 级。

5）对检测、评估认为可能存在整体稳定性问题的大跨度结构，应根据实际检测结果建立计算模型，采用可行的结构分析方法进行整体稳定性验算；若验算结果尚能满足设计要求，仍可评为 B_u 级；若验算结果不满足设计要求，应根据其严重程度评为 C_u 级或 D_u 级，并应参与上部承重结构安全性等级评定。

6）当建筑物受到振动作用引起使用者对结构安全表示担心或振动引起的结构构件损伤，已可通过目测判定时，应按相关规范的规定进行检测与评定，具体要求此处不再叙述。若评定结果对结构安全性有影响，应将上部承重结构安全性鉴定所评等级降低一级，且不高于 C_u 级。

10. 围护系统承重部分安全性鉴定评级

围护结构的构件集安全性等级、计算单元或代表层安全性等级、结构承载功能安全性等级和结构整体性安全性等级参照上部承重结构的相关规定进行评级。

围护系统承重部分的安全性等级，可根据上述围护结构各部分的评定结果，按下列原则确定：

1) 当仅有 A_u 级和 B_u 级时,按占多数级别确定。
2) 当含有 C_u 级或 D_u 级时,可按下列规定评级:
(1) 若 C_u 级或 D_u 级属于结构承载功能问题时,按最低等级确定;
(2) 若 C_u 级或 D_u 级属于结构整体性问题时,宜定为 C_u 级。
3) 围护系统承重部分评定的安全性等级,不得高于上部承重结构的等级。

11. 地基基础安全性评级

基础的种类和材料性能,可通过查阅图纸资料确定;当资料不足或资料虽然基本齐全但有怀疑时,可开挖个别基础检测,查明基础类型、尺寸、埋深;检验基础材料强度,并检测基础变位、开裂、腐蚀和损伤等情况。

当鉴定地基、桩基的安全性时,应遵循下列规定:

(1) 一般情况下,宜根据地基、桩基沉降观测资料,以及其不均匀沉降在上部结构中反映的检查结果进行鉴定评级。

(2) 当需对地基、桩基的承载力进行鉴定评级时,应以岩土工程勘察档案和有关检测资料为依据进行评定。若档案、资料不全,还应补充近位勘探点,进一步查明土层分布情况,并结合当地工程经验进行核算和评价。

(3) 对建造在斜坡场地上的建筑物,应根据历史资料和实地勘探结果,对边坡场地的稳定性进行评级。

1) 按地基变形观测资料或其上部结构反应进行评级

当地基发生较大的沉降和差异沉降时,其上部结构必然会有明显的反应,如建筑物下陷、开裂和侧倾等。通过对这些宏观现象的检查、实测和分析,可以判断地基的承载状态,并据以作出安全性评估。因此,当地基基础的安全性按地基变形(建筑物沉降)观测资料或其上部结构反应的检查结果评定时,应按表 5-15 的规定评级。

根据地基变形观测资料或其上部结构反应进行评级 表 5-15

序号	判定标准	级别
1	不均匀沉降小于现行国家标准《建筑地基基础设计规范》GB 50007 规定的允许沉降差;建筑物无沉降裂缝、变形或位移	A_u 级
2	不均匀沉降不大于现行国家标准《建筑地基基础设计规范》GB 50007 规定的允许沉降差;且连续两个月地基沉降量小于每月 2mm;建筑物的上部结构虽有轻微裂缝,但无发展迹象	B_u 级
3	不均匀沉降大于现行国家标准《建筑地基基础设计规范》GB 50007 规定的允许沉降差;或连续两个月地基沉降量大于每月 2mm;或建筑物上部结构砌体部分出现宽度大于 5mm 的沉降裂缝,预制构件连接部位可能出现宽度大于 1mm 的沉降裂缝,且沉降裂缝短期内无终止趋势	C_u 级
4	不均匀沉降远大于现行国家标准《建筑地基基础设计规范》GB 50007 规定的允许沉降差;或连续两个月地基沉降量大于每月 2mm,且尚有变快趋势;或建筑物上部结构的沉降裂缝发展显著;砌体的裂缝宽度大于 10mm;预制构件连接部位的裂缝宽度大于 3mm;现浇结构个别部分也已开始出现沉降裂缝	D_u 级

注:表中规定的沉降标准,仅适用于建成已 2 年以上,且建于一般地基土上的建筑物;对建在高压缩性黏性土或其他特殊性土地基上的建筑物,此年限宜根据当地经验适当加长。

2) 按地基承载力评定

当地基基础的安全性按其承载力评定时,可根据按鉴定地基、桩基安全性的基本规定所检测和计算分析的结果,采用下列规定评级:

(1) 当地基基础承载力符合现行国家标准《建筑地基基础设计规范》GB 50007 的要求时,可根据建筑物的完好程度评为 A_u 级或 B_u 级。

(2) 当地基基础承载力不符合现行国家标准《建筑地基基础设计规范》GB 50007 的要求时,可根据建筑物开裂损伤的严重程度评为 C_u 级或 D_u 级。

3) 按边坡场地稳定性进行评级

当地基基础的安全性按边坡场地稳定性项目评级时,应按下列标准评定:

A_u 级:建筑场地地基稳定,无滑动迹象及滑动史。

B_u 级:建筑场地地基在历史上曾有过局部滑动,经治理后已停止滑动,且近期评估表明,在一般情况下,不会再滑动。

C_u 级:建筑场地地基在历史上发生过滑动,目前虽已停止滑动,但若触动诱发因素,今后仍有可能再滑动。

D_u 级:建筑场地地基在历史上发生过滑动,目前又有滑动或滑动迹象。

4) 考虑地下水位变化

在鉴定中若发现地下水位或水质有较大变化,或土压力、水压力有显著改变,且可能对建筑物产生不利影响时,应对此类变化所产生的不利影响进行评价,并提出处理的建议。

地基基础子单元的安全性等级,可按地基变形观测资料或其上部结构反应进行评级、按其承载力进行评级、按边坡场地稳定性进行评级等方法确定,由于评定地基基础安全性等级所依据的各检查项目之间,并无主次之分,故可按其中最低一个等级确定其级别。

12. 鉴定单元安全性评级

民用钢结构鉴定单元的安全性鉴定评级,应根据其地基基础、上部承重结构和围护系统承重部分等的安全性等级,以及与整幢建筑有关的其他安全问题进行评定。

鉴定单元的安全性等级,应根据本节的评定结果,按下列原则规定:

1) 一般情况下,应根据地基基础和上部承重结构的评定结果按其中较低等级确定。

2) 当鉴定单元的安全性等级按上款评为 A_u 级或 B_u 级但围护系统承重部分的等级为 C_u 级或 D_u 级时,可根据实际情况将鉴定单元所评等级降低一级或二级,但最后所定的等级不得低于 C_{su} 级。

3) 对下列任一情况,可直接评为 D_{su} 级:

(1) 建筑物处于有危房的建筑群中,且直接受到其威胁。

(2) 建筑物朝一方向倾斜,且速度开始变快。

当新测定的建筑物动力特性,与原先记录或理论分析的计算值相比,有下列变化时,可判其承重结构可能有异常,但应经进一步检查、鉴定后再评定该建筑物的安全性等级。

(1) 建筑物基本周期显著变长或基本频率显著下降。

(2) 建筑物振型有明显改变或振幅分布无规律。

总结下来,民用建筑钢结构安全性鉴定分级标准如表 5-16 所示。

安全性鉴定分级标准　　　　　　　　表 5-16

层次	鉴定对象	等级	分级标准	处理要求
一	单个构件或其检查项目	a_u	安全性符合本标准对 a_u 级的要求,具有足够的承载能力	不必采取措施
		b_u	安全性略低于本标准对 a_u 级的要求,尚不显著影响承载能力	可不采取措施
		c_u	安全性不符合本标准对 a_u 级的要求,显著影响承载能力	应采取措施
		d_u	安全性不符合本标准对 a_u 级的要求,已严重影响承载能力	必须及时或立即采取措施
二	子单元或子单元中的某种构件集	A_u	安全性符合本标准对 A_u 级的要求,不影响整体承载能力	可能有个别一般构件应采取措施
		B_u	安全性略低于本标准对 A_u 级的要求,尚不显著影响整体承载能力	可能有极少数构件应采取措施
		C_u	安全性不符合本标准对 A_u 级的要求,显著影响整体承载能力	应采取措施,且可能有极少数构件必须立即采取措施
		D_u	安全性极不符合本标准对 A_u 级的要求,严重影响整体承载能力	必须立即采取措施
三	鉴定单元	A_{su}	安全性符合本标准对 A_{su} 级的要求,不影响整体承载能力	可能有极少数一般构件应采取措施
		B_{su}	安全性略低于本标准对 A_{su} 级的要求,尚不显著影响整体承载能力	可能有极少数构件应采取措施
		C_{su}	安全性不符合本标准对 A_{su} 级的要求,显著影响整体承载能力	应采取措施,且可能有极少数构件必须及时采取措施
		D_{su}	安全性严重不符合本标准对 A_{su} 级的要求,严重影响整体承载能力	必须立即采取措施

5.1.4　民用建筑钢结构使用性鉴定

1. 鉴定步骤

民用建筑钢结构使用性鉴定步骤如图 5-3 所示。

2. 上部承重结构构件项目检查与评定

1) 代表层抽取

(1) 对单层房屋,以计算单元中每种构件集为评定对象。

(2) 对多层和高层房屋,允许随机抽取若干层为代表层进行评定;代表层的选择应符合下列规定:

① 代表层的层数,应按 $\sqrt{m}$ 确定;m 为该鉴定单元的层数,若 $\sqrt{m}$ 为非整数时,应多取一层。

② 随机抽取的 $\sqrt{m}$ 层中,若未包括底层、顶层和转换层,应另增这些层为代表层。

2) 确认构件集

构件集的要求与安全性等级评定相同。

3) 构件选择

第5章 钢结构质量鉴定

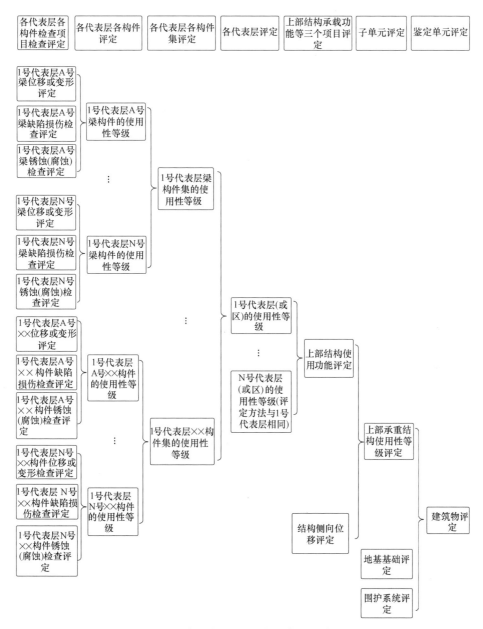

图5-3 钢结构使用性鉴定步骤示意图

鉴定过程中应选择数量足够，代表性强的构件进行检测。

4）按位移或变形评定钢结构构件的使用性等级

钢结构构件的使用性鉴定，应按位移或变形、缺陷（含偏差）和锈蚀（腐蚀）等三个检查项目，分别评定每一受检构件等级。对钢结构受拉构件，尚应以长细比作为检查项目参与上述评级。

当钢桁架和其他受弯构件的使用性按其挠度检测结果评定时，若检测值小于计算值及现行设计规范限值时，可评为 a_s 级；若检测值大于或等于计算值，但不大于现行设计规范限值时，可评为 b_s 级；若检测值大于现行设计规范限值时，可评为 c_s 级；在一般构件

133

的鉴定中,对检测值小于现行设计规范限值的情况,可直接根据其完好程度定为 a_s 级或 b_s 级。

当钢柱的使用性按其柱顶水平位移(或倾斜)检测结果评定时,可按下列原则评级:

(1)若该位移的出现与整个结构有关,应根据相关规范对计算单元或代表层的评定等级,取与上部承重结构相同的级别作为该柱的水平位移等级;

(2)若该位移的出现只是孤立事件,可根据其检测结果直接评级,评级所需的位移限值,可按层间限值确定。

5)按构件缺陷损伤评定钢结构使用性等级

当钢结构构件的使用性按其缺陷(含偏差)和损伤的检测结果评定时,应按表 5-17 的规定评级。

钢结构构件缺陷(含偏差)和损伤等级的评定   表 5-17

检查项目	a_s 级	b_s 级	c_s 级
桁架(屋架)不垂直度	不大于桁架高度的 1/250,且不大于 15mm	略大于 a_s 级允许值,尚不影响使用	大于 a_s 级允许值,已影响使用
受压构件平面内的弯曲矢高	不大于构件自由长度的 1/1000,且不大于 10mm	不大于构件自由长度的 1/660	大于构件自由长度的 1/660
实腹梁侧向弯曲矢高	不大于构件计算跨度的 1/660	不大于构件跨度的 1/500	大于构件跨度的 1/500
其他缺陷或损伤	无明显缺陷或损伤	局部有表面缺陷或损伤,尚不影响正常使用	有较大范围缺陷或损伤,且已影响正常使用

对钢索构件,若索的外包裹防护层有损伤性缺陷,则应根据其影响正常使用的程度评为 b_s 级或 c_s 级。

当钢结构受拉构件的使用性按其长细比的检测结果评定时,应按表 5-18 的规定评级。

钢结构受拉构件长细比等级的评定   表 5-18

构件类别		a_s 级或 b_s 级	c_s 级
重要受拉构件	桁架拉杆	≤350	>350
	网架支座附近处拉杆	≤300	>300
一般受拉构件		≤400	>400

注:1. 评定结果取 a_s 级或 b_s 级,可根据其实际完好程度确定;
    2. 当钢结构受拉构件的长细比虽略大于 b_s 级的限值,但若该构件的下垂矢高尚不影响其正常使用时,仍可定为 b_s 级;
    3. 张紧的圆钢拉杆的长细比不受本表限制。

6)按涂层厚度评定钢结构构件的使用性

涂层厚度是钢结构检测鉴定的重要项目,直接反映钢结构构件的现状,对其耐久性和使用功能也有重要影响。根据检测结果评定钢结构构件防火涂层的使用性时,应按表 5-19 的规定评级。

钢结构构件防火涂层等级的评定　　　　　表 5-19

基本项目	a_s	b_s	c_s
外观质量（包括涂膜裂纹）	涂膜无空鼓、开裂、脱落、霉变、粉化等现象	涂膜局部开裂,薄型涂料涂层裂纹宽度不大于 0.5mm;厚型涂料涂层裂纹宽度不大于 1.0mm;边缘局部脱落,对防火性能无明显影响	防水涂膜开裂,薄型涂料涂层裂纹宽度大于 0.5mm;厚型涂料涂层裂纹宽度大于 1.0mm;重点防火区域涂层局部脱落;对结构防火性能产生明显影响
涂层附着力	涂层完整	涂层完整程度达到 70%	涂层完整程度低于 70%
涂膜厚度	厚度符合设计或国家现行规范要求	厚度小于设计要求,但小于设计厚度的测点数不大于 10%,且测点处实测厚度不小于设计厚度的 90%;厚涂型防火涂料涂膜,厚度小于设计厚度的面积不大于 20%,且最薄处厚度不小于设计厚度的 85%,厚度不足部位的连续长度不大于 1m,并在 5m 范围内无类似情况	达不到 b_s 级的要求

3. 上部结构构件使用性等级评定

取上述检查项目中使用性评级最低一级作为该构件的使用性等级。构件的使用性等级也分为 a_s、b_s、c_s、d_s 4 个等级。

1) 当遇到下列情况之一时,结构的主要构件鉴定,尚应按正常使用极限状态的要求进行计算分析与验算：

(1) 检测结果需与计算值进行比较；

(2) 检测只能取得部分数据,需通过计算分析进行鉴定；

(3) 为改变建筑物用途、使用条件或使用要求而进行的鉴定。

2) 对被鉴定的结构构件进行计算和验算,应遵守下列规定：

(1) 对构件材料的弹性模量、剪变模量和泊松比等物理性能指标,可根据鉴定确认的材料品种和强度等级,按现行设计规范规定的数值采用。

(2) 验算结果应按现行标准、规范规定的限值进行评级。若验算合格,可根据其实际完好程度评为 a_s 级或 b_s 级；若验算不合格,应定为 c_s 级。

(3) 若验算结果与观察不符,应进一步检查设计和施工方面可能存在的差错。

4. 上部承重结构各代表层构件集使用性等级评定

在计算单元或代表层中,评定一种构件集的使用性等级时,应根据该层该种构件中每一受检构件的评定结果,按下列规定评级：

(1) A_s 级：该构件集内,不含 c_s 级构件,可含 b_s 级构件,但含量不多于 25%～35%。

(2) B_s 级：该构件集内,可含 c_s 级构件,但含量不多于 20%～25%。

(3) C_s 级：该构件集内,c_s 级含量多于 B_s 级的规定数。

每种构件集的评级,在确定各级百分比含量的限值时,对主要构件集取下限；对一般构件集取偏上限或上限,但应在检测前确定所采用的限值。

5. 上部承重结构各代表层使用性等级评定

上部结构各代表层使用性等级评定,应根据计算单元或代表层所评的等级,按下列规定进行确定：

(1) A_s 级：不含 C_s 级的计算单元或代表层；可含 B_s 级，但含量不宜多于30%。

(2) B_s 级：可含 C_s 级的计算单元或代表层，但含量不多于20%。

(3) C_s 级：在该计算单元或代表层中，C_s 级含量多于 B_s 级的规定值。

6. 上部结构使用功能等级评定

上部结构使用功能的等级评定方法，与上部承重结构各代表层使用性等级评定方法相同。

7. 结构的侧向位移等级评定

当上部承重结构的使用性需考虑侧向（水平）位移的影响时，可采用检测或计算分析的方法进行鉴定，但应按下列规定进行评级：

1）对检测取得的主要是由综合因素（可含风和其他作用，以及施工偏差和地基不均匀沉降等，但不含地震作用）引起的侧向位移值，应按规定评定每一测点的等级，并按下列原则分别确定结构顶点和层间的位移等级：

(1) 对结构顶点，按各测点中占多数的等级确定。

(2) 对层间，按各测点最低的等级确定。

根据以上两项评定结果，取其中较低等级作为上部承重结构侧向位移使用性等级。

2）当检测有困难时，允许在现场取得与结构有关参数的基础上，采用计算分析方法进行鉴定。若计算的侧向位移不超过表5-20中 B_s 级的界限，可根据该上部承重结构的完好程度评为 A_s 级或 B_s 级。若计算的侧向位移值已超出表5-20中 B_s 级的界限，应定为 C_s 级。

结构侧向（水平）位移等级的评定　　　　　　　　　表5-20

检查项目	结构类别		位移限值		
			A_s 级	B_s 级	C_s 级
钢结构的侧向位移	多层框架	层间	$\leqslant H_i/500$	$\leqslant H_i/400$	$> H_i/400$
		结构顶点	$\leqslant H/600$	$\leqslant H/500$	$> H/500$
	高层框架	层间	$\leqslant H_i/600$	$\leqslant H_i/500$	$> H_i/500$
		结构顶点	$\leqslant H/700$	$\leqslant H/600$	$> H/600$

注：1. 表中限值系对一般装修标准而言，若为高级装修应事先协商确定；
　　2. 表中 H 为结构顶点高度；H_i 为第 i 层的层间高度。

8. 上部承重结构使用性等级评级

1）上部承重结构的使用性等级，按上部结构使用功能和结构侧移所评等级，取其中较低等级作为其使用性等级。

2）降级的情况：

当考虑建筑物所受的振动作用是否会对人的生理，或对仪器设备的正常工作，或对结构的正常使用产生不利影响时，可按相关规范规定进行振动对上部结构影响的使用性鉴定。若评定结果不合格，应按下列规定对所评等级进行修正：

(1) 当振动的影响仅涉及一种构件集时，可仅将该构件集所评等级降为 C_s 级。

(2) 当振动的影响涉及整个结构或多于一种构件集时，应将上部承重结构以及所涉及的各种构件集均降为 C_s 级。

3) 当遇到下列情况之一时，可直接将该上部结构使用性等级定为 C_s 级。

(1) 在楼层中，其楼面振动（或颤动）已使室内精密仪器不能正常工作，或已明显引起人体不适感。

(2) 在高层建筑的顶部几层，其风振效应已使用户感到不安。

(3) 振动引起的非结构构件或装饰层的开裂或其他损坏，已可通过目测判定。

9. 围护系统承重部分使用性鉴定评级

当评定围护系统使用功能时，应按表 5-21 规定的检查项目及其评定标准逐项评级，并按下列原则确定围护系统的使用功能等级：

(1) 一般情况下，可取其中最低等级作为围护系统的使用功能等级。

(2) 当鉴定的房屋对表中各检查项目的要求有主次之分时，也可取主要项目中的最低等级作为围护系统的使用功能等级。

(3) 当按上款主要项目所评的等级为 A_s 级或 B_s 级，但有多于一个次要项目为 C_s 级时，应将所评等级降为 C_s 级。

维护系统使用功能等级的评定 表 5-21

检查项目	A_s 级	B_s 级	C_s 级
屋面防水	防水构造及排水设施完好，无老化、渗漏及排水不畅的迹象	构造、设施基本完好，或略有老化迹象，但尚不渗漏及积水	构造、设施不当或已损坏，或有渗漏，或积水
吊顶（顶棚）	构造合理，外观完好，建筑功能符合设计要求	构造稍有缺陷，或有轻微变形或裂纹，或建筑功能略低于设计要求	构造不当或已损坏，或建筑功能不符合设计要求，或出现有碍外观的下垂
非承重内墙（含隔墙）	构造合理，与主体结构有可靠联系，无可见变形，面层完好，建筑功能符合设计要求	略低于 A_s 级要求，但不显著影响其使用功能	已开裂、变形，或已破损，或使用功能不符合设计要求
外墙（自承重墙或填充墙）	墙体及其面层外观完好，无开裂、变形；墙脚无潮湿迹象；墙厚符合节能要求	略低于 A_s 级要求，但不显著影响其使用功能	不符合 A_s 级要求，且已显著影响其使用功能
门窗	外观完好，密封性符合设计要求，无剪切变形迹象，开闭或推动自如	略低于 A_s 级要求，但不显著影响其使用功能	门窗构件或其连接已损坏，或密封性差，或有剪切变形，已显著影响其使用功能
地下防水	完好，且防水功能符合设计要求	基本完好，局部可能有潮湿迹象，但尚不渗漏	有不同程度损坏或有渗漏
其他防护设施	完好，且防护功能符合设计要求	有轻微缺陷，但尚不显著影响其防护功能	有损坏，或防护功能不符合设计要求

围护系统的使用性等级，应根据其使用功能和承重部分使用性的评定结果，按较低的等级确定。

10. 地基基础使用性评级

地基基础的使用性，可根据其上部承重结构或围护系统的工作状态进行评定。

当评定地基基础的使用等级时，应按下列规定评级：

(1) 当上部承重结构和围护系统的使用性检查未发现问题，或所发现问题与地基基础无关时，可根据实际情况定为 A_s 级或 B_s 级。

（2）当上部承重结构和围护系统所发现的问题与地基基础有关时，可根据上部承重结构和围护系统所评的等级，取其中较低一级作为地基基础使用性等级。

11. 鉴定单元使用性评级

1）民用建筑鉴定单元的使用性鉴定评级，应根据地基基础、上部承重结构和围护系统等三个子单元的使用性等级，以及与整幢建筑有关的其他使用功能问题进行评定。按三个子单元中最低的等级确定。

2）当鉴定单元的使用性等级评为 A_{ss} 级或 B_{ss} 级，但若遇到下列情况之一时，宜将所评等级降为 C_{ss} 级。

（1）屋内外装修已大部分老化或残损。

（2）房屋管道、设备已需全部更新。

民用建筑钢结构使用性鉴定分级标准如表 5-22 所示。

民用建筑钢结构使用性鉴定分级标准 表 5-22

层次	鉴定对象	等级	分级标准	处理要求
一	单个构件或其检查项目	a_s	使用性符合本标准对 a_s 级的要求，具有正常的使用功能	不必采取措施
		b_s	使用性略低于本标准对 a_s 级的要求，尚不显著影响使用功能	可不采取措施
		c_s	使用性不符合本标准对 a_s 级的要求，显著影响使用功能	应采取措施
二	子单元或其中某种构件集	A_s	使用性符合本标准对 A_s 级的要求，不影响整体使用功能	可能有极少数一般构件应采取措施
		B_s	使用性略低于本标准对 A_s 级的要求，尚不显著影响整体使用功能	可能有极少数构件应采取措施
		C_s	使用性不符合本标准对 A_s 级的要求，显著影响整体使用功能	应采取措施
三	鉴定单元	A_{ss}	使用性符合本标准对 A_{ss} 级的要求，不影响整体使用功能	可能有极少数一般构件应采取措施
		B_{ss}	使用性略低于本标准对 A_{ss} 级的要求，尚不显著影响整体使用功能	可能有极少数构件应采取措施
		C_{ss}	使用性不符合本标准对 A_{ss} 级的要求，显著影响整体使用功能	应采取措施

5.1.5 工业建筑钢结构可靠性鉴定

工业钢结构厂房可靠性鉴定的评定体系采用纵向分层、横向分级、逐步综合的鉴定评级模式。工业钢结构厂房可靠性鉴定评级划分为三个层次，最高层次为鉴定单元，中间层次为结构系统，最低层次（即基础层次）为构件。其中，结构系统和构件两个层次的鉴定评级，应包括安全性等级和使用性等级评定，需要时可根据安全性和使用性评级综合评定其可靠性等级。安全性分四个等级，使用性分三个等级，各层次的可靠性分四个等级，并应按表 5-23 规定的评定项目分层次进行评定。当不要求评定可靠性等级时，可直接给出安全性和正常使用性评定结果。

1. 鉴定评级标准

工业建筑可靠性鉴定的构件、结构系统、鉴定单元按下列规定评定等级。

1）构件（包括构件本身及构件间的连接节点）评级标准

（1）构件的安全性评级标准

a级：符合国家现行标准的安全性要求，安全，不必采取措施；

b级：略低于国家现行标准的安全性要求，不影响安全，可不采取措施；

c级：不符合国家现行标准的安全性要求，影响安全，应采取措施；

d级：极不符合国家现行标准的安全性要求，已严重影响安全，必须及时或立即采取措施。

工业建筑物可靠性鉴定评级的层次、等级划分及项目内容　　　表 5-23

层次	Ⅰ	\multicolumn{3}{c}{Ⅱ}	Ⅲ
层名	鉴定单元	结构系统			构件
可靠性鉴定	一、二、三、四	\multicolumn{3}{c}{A、B、C、D}	a、b、c、d
	建筑物整体或某一区段	安全性评定	地基基础	地基变形、斜坡稳定性	承载力构造和连接
				承载功能	
			上部承重结构	整体性	
				承载功能	
			围护结构	承载功能 构造连接	
		正常使用性评定	\multicolumn{2}{c}{A、B、C}	a、b、c
			地基基础	影响上部结构正常使用的地基变形	变形或偏差 裂缝 缺陷和损伤 腐蚀 老化
			上部承重结构	使用状况 使用功能	
				位移或变形	
			围护系统	使用状况 使用功能	

注：1. 工业建筑结构整体或局部有明显不利影响的振动、耐久性损伤、腐蚀、变形时，应考虑其对上部承重结构安全性、使用性的影响进行评定。

2. 构筑物由于结构形式多样，其特殊功能结构系统可靠性评定应按《工业建筑可靠性鉴定标准》GB 50144—2019 标准第 9 章的规定进行，但应符合本表的评级层次和分级原则。

（2）构件的使用性评级标准

a级：符合国家现行标准的正常使用要求，在目标使用年限内能正常使用，不必采取措施；

b级：略低于国家现行标准的正常使用要求，在目标使用年限内尚不明显影响正常使用，可不采取措施；

c级：不符合国家现行标准的正常使用要求，在目标使用年限内明显影响正常使用，应采取措施。

（3）构件的可靠性评级标准

a级：符合国家现行标准的可靠性要求，安全适用，不必采取措施；

b级：略低于国家现行标准的可靠性要求，能安全适用，可不采取措施；

c级：不符合国家现行标准的可靠性要求，影响安全，或影响正常使用，应采取措施；

d级：极不符合国家现行标准的可靠性要求，已严重影响安全，必须立即采取措施。

2）结构系统评级标准

（1）结构系统的安全性评级标准

A级：符合国家现行标准的安全性要求，不影响整体安全，不必采取措施或有个别次要构件宜采取适当措施；

B级：略低于国家现行标准的安全性要求，尚不明显影响整体安全，可不采取措施或有极少数次要构件应采取措施；

C级：不符合国家现行标准的安全性要求，影响整体安全，应采取措施或有极少数构件应立即采取措施；

D级：极不符合国家现行标准的安全性要求，已严重影响整体安全，必须立即采取措施。

（2）结构系统的使用性评级标准

A级：符合国家现行标准的正常使用要求，在目标使用年限内不影响整体正常使用，不必采取措施或有个别次要构件宜采取适当措施；

B级：略低于国家现行标准的正常使用要求，在目标使用年限内尚不明显影响整体正常使用，可能有极少数构件应采取措施；

C级：不符合国家现行标准的正常使用要求，在目标使用年限内明显影响整体正常使用，应采取措施。

（3）结构系统的可靠性评级标准

A级：符合国家现行标准的可靠性要求，不影响整体安全，可正常使用，不必采取措施或有个别次要构件宜采取适当措施；

B级：略低于国家现行标准的可靠性要求，尚不明显影响整体安全，不影响正常使用，可不采取措施或有极少数构件应采取措施；

C级：不符合国家现行标准的可靠性要求，或影响整体安全，或影响正常使用，应采取措施，或有极少数构件应立即采取措施；

D级：极不符合国家现行标准的可靠性要求，已严重影响整体安全，不能正常使用，必须立即采取措施。

3）鉴定单元评级标准

一级：符合国家现行标准的可靠性要求，不影响整体安全，可正常使用，可不采取措施或有极少数次要构件宜采取适当措施；

二级：略低于国家现行标准的可靠性要求，尚不明显影响整体安全，不影响整体正常使用，可能有极少数构件应采取措施；

三级：不符合国家现行标准的可靠性要求，影响整体安全，影响正常使用，应采取措施，可能有少数构件应立即采取措施；

四级：极不符合国家现行标准的可靠性要求，已严重影响整体安全，不能正常使用，必须立即采取措施。

2. 工业钢结构可靠性鉴定检测与分析

1）工业建筑钢结构环境类别和作用等级调查

第5章 钢结构质量鉴定

在工业建筑检测鉴定中,人们最关心的是建筑结构是否安全、适用,结构的寿命是否满足下一目标使用年限的要求。如果建筑结构出现病态(老化、局部破坏、严重变形、裂缝、疲劳裂纹等),要求查找原因、分析危害程度并提出处理方法,就需要掌握结构使用环境、结构所处环境类别和作用等级。为此,规定建、构筑物的使用环境应包括气象条件、地理环境和结构工作环境三项内容,建、构筑物结构和结构构件所处的环境类别和环境作用等级,可按表5-24的规定进行调查。

结构所处环境类别和作用等级 表5-24

环境类别		作用等级	环境条件	说明和结构构件示例
Ⅰ	一般环境	A	室内干燥环境	室内正常环境,低湿度环境中的室内构件
		B	露天环境,室内潮湿环境	一般露天环境,室内潮湿环境
		C	干湿交替环境	频繁与水或冷凝水接触的室内外构件
Ⅱ	冻融环境	C	轻度	微冻地区混凝土高度饱水;严寒和寒冷地区混凝土中度饱水、无盐环境
		D	中度	微冻地区盐冻;严寒和寒冷地区混凝土高度饱水,无盐环境;混凝土中度饱水,有盐环境
		E	重度	严寒和寒冷地区的盐冻环境;混凝土高度饱水、有盐环境
Ⅲ	海洋氯化环境	C	水下区和土中区	桥墩、基础
		D	大气区(轻度盐雾)	涨潮岸线100~300m陆上室外靠海构件、桥梁上部构件
		E	大气区(重度盐雾);非热带潮汐区、浪溅区	涨潮岸线100m以内陆上室外靠海构件、桥梁上部构件、桥墩、码头
		F	炎热地区潮汐区、浪溅区	桥墩、码头
Ⅳ	除冰盐等其他氯化物环境	C	轻度	受除冰盐雾轻度作用混凝土构件
		D	中度	受除冰盐水溶液轻度溅射作用混凝土构件
		E	重度	直接处在含氯离子的生产环境中或先天掺有超标氯盐的混凝土构件
Ⅴ	化学腐蚀环境	C	轻度(气体、液体、固体)	一般大气污染环境;汽车或机车废气;弱腐蚀液体、固体
		D	中度(气体、液体、固体)	酸雨pH值>4.5;中等腐蚀气体、液体、固体
		E	重度(气体、液体、固体)	酸雨pH值≤4.5;强腐蚀气体、液体、固体

2) 工业建筑结构地基基础调查

对工业建筑地基基础的调查,应查阅岩土工程勘察报告及有关图纸资料;应调查地基基础现状、荷载变化、沉降量和沉降稳定性、不均匀沉降等情况;应调查上部结构倾斜、扭曲和裂损情况以及临近建筑、地下工程和管线等情况。当地基基础资料不足时,可根据国家现行有关标准的规定,对场地地基补充勘察或沉降观测。

地基的岩土性能标准值和地基承载能力特征值,应根据调查和补充勘察结果按现行国家标准《建筑地基基础设计规范》GB 50007等的规定取值。基础的种类和材料性能,应通过查阅图纸资料确定;当资料不足或对资料有怀疑时,可开挖基础检测,验证基础的种类、材料、尺寸及埋深，检查基础变位、开裂、腐蚀或损坏程度等，并应测试基础材料性能。

3) 工业建筑结构上部结构和围护结构调查

上部结构是建筑结构调查检测中的主要内容，对上部承重结构的调查，可根据建筑物的具体情况以及鉴定的内容和要求，选择表5-25中的调查项目。

上部承重结构的调查 表5-25

调查项目	调查细目
结构体系与布置	结构形式、结构布置，支撑系统
几何参数	结构与构件几何尺寸
材料性能	材料力学性能与化学成分等
缺陷、损伤	设计构造连接缺陷、制作和安装偏差，材料和施工缺陷，构件及其节点的裂缝、损伤和腐蚀
结构变形和振动	结构顶点、层间或控制点位移，倾斜和挠度；结构和结构构件的动态特性和动力反应
结构与构件构造、连接	保证结构整体性、构件承载能力、稳定性、延性、抗裂性能、刚度、传力有效性等的有关构造措施与连接构造，圈梁和构造柱布置，配筋状况、保护层厚度

注：检查中应注意对按原设计标准设计的建筑结构在结构布置、节点构造、材料强度等方面存在的差异，对不满足国家现行标准的应特别说明。

结构和材料性能、几何尺寸和变形、缺陷和损伤等检测，相关标准和规范中有详细规定：

（1）结构材料性能的检验，当图纸资料有明确说明且无怀疑时，可进行现场抽样验证；当无图纸资料或对资料有怀疑时，应按国家现行有关检测技术标准的规定，通过现场取样或现场测试进行检测。

（2）结构或构件几何尺寸的检测，当图纸资料齐全完整时，可进行现场抽检复核；当图纸资料残缺不全或无图纸资料时，可按鉴定工作需要进行现场详细测量。

（3）结构顶点、层间或控制点位移，倾斜，构件变形的测量，应在对结构或构件变形状况普遍观察的基础上，选择起控制作用的部位进行。

（4）制作和安装偏差、材料和施工缺陷，应依据国家标准《建筑结构检测技术标准》GB/T 50344—2019等和本标准第6章、第7章的有关规定进行检测。

（5）构件及其节点的缺陷和损伤，在外观上应进行全数检查，并应详细记录缺陷和损伤的部位、范围、程度和形态。

（6）结构构件性能、结构动态特性和动力反应，可根据现行国家标准《建筑结构检测技术标准》GB/T 50344等的规定，通过现场试验进行检测。

围护结构的调查，除应查阅有关图纸资料外，尚应现场核实围护结构系统的布置，调查该系统中围护构件和非承重墙体及其构造连接的实际状况、对主体结构的不利影响，以及围护系统的使用功能、老化损伤、破坏失效等情况。

另外，对工业构筑物的调查与检测，可根据构筑物的结构布置和组成参照建筑物的规定进行。

工业建筑钢结构可靠性鉴定的分级层次和评定要求，与民用建筑钢结构可靠性鉴定的要求类似，此处不再对检测的具体措施要求赘述，具体可参见现行国家标准《工业建筑可靠性鉴定标准》GB 50144。

5.2 钢结构抗震性能鉴定

我国对建设工程的抗震设防作了明确规定：新建、扩建、改建建设工程，必须进行抗震设防，达到抗震设防要求。一般工业与民用建筑建设工程，必须按照国家规范规定的抗震设防要求，进行抗震设防。以预防为主为主要方针，减轻地震破坏，减少损失，为抗震加固或采取其他抗震减灾对策提供依据，对现有建筑的抗震能力进行鉴定，具有重要意义。

5.2.1 钢结构抗震性能鉴定的情况

钢结构抗震性能鉴定适用于抗震设防烈度为 6~9 度地区钢结构抗震性能的鉴定，不适用于在建钢结构工程抗震性能的评定。下列情况下的钢结构应进行抗震鉴定：

(1) 原设计未考虑抗震设防或抗震设防要求提高的钢结构；
(2) 需要改变建筑用途、使用环境发生变化或需要对结构进行改造的钢结构；
(3) 其他有必要进行抗震鉴定的钢结构。

钢结构的抗震设防类别和抗震设防标准，应按现行国家标准《建筑工程抗震设防分类标准》GB 50223 的规定确定。结构所在地区的抗震设防烈度，应按现行国家标准《建筑抗震设计规范》GB 50011 的规定确定。有特殊要求的钢结构，应按相关规定进行专题鉴定。

在进行钢结构抗震鉴定时，应按下列规定确定后续使用年限：

(1) 在 20 世纪 70 年代及以前建造的，不应少于 30 年；
(2) 在 20 世纪 80 年代建造的，宜采用 40 年或更长，且不得少于 30 年；
(3) 在 20 世纪 90 年代建造的，不宜少于 40 年；
(4) 在 2001 年以后建造的，宜采用 50 年。

5.2.2 钢结构抗震性能鉴定的内容

钢结构的抗震鉴定应按两个项目分别进行。

(1) 整体布置与抗震构造措施核查鉴定；
(2) 多遇地震作用下承载力和结构变形验算鉴定。对有一定要求的钢结构，同时包括罕遇地震作用下抗倒塌或抗失效性能分析鉴定。

在进行整体布置鉴定时，应核查建筑形体的规则性、结构体系与构件布置的合理性以及结构材料的适用性，按标准的规定鉴定为满足或不满足。

在进行抗震构造措施鉴定时，应分别对结构构件和节点、非结构构件和节点的抗震构造措施进行核查鉴定。

其中第二个项目应根据承载力和变形的验算结果进行鉴定。当承载力和变形的验算结果符合要求时，第二个项目可鉴定为满足，否则鉴定为不满足。

5.2.3 钢结构抗震性能评定

1) 符合下列情况之一,可鉴定为抗震性能满足:

(1) 第一个与第二个鉴定项目均鉴定为满足;

(2) 第一个项目中的整体布置鉴定为满足,抗震构造措施鉴定为不满足,但满足现行国家标准《钢结构设计标准》GB 50017 和《冷弯薄壁型钢结构技术规范》GB 50018 有关构造措施的规定,构件截面板件的宽厚比符合规范规定的限值,且第二个项目鉴定为满足;

(3) 6 度区但不含建于Ⅳ类场地上的规则建筑高层钢结构,第一个项目鉴定为满足。

2) 符合下列情况之一,应鉴定为抗震性能不满足:

(1) 第一个项目中的整体布置鉴定为不满足;

(2) 第二个项目鉴定为不满足;

(3) 构造措施不符合现行国家标准《钢结构设计标准》GB 50017 和《冷弯薄壁型钢结构技术规范》GB 50018 的规定,或构件截面板件的宽厚比不符合《高耸与复杂钢结构检测与鉴定标准》GB 51008 中关于钢结构构件各类截面板件宽厚比的 D 类截面的限值。

3) 进行抗震鉴定的钢结构,其材料性能应符合下列规定:

(1) 钢材的实测屈服强度、屈强比、伸长率,应符合现行国家标准《建筑抗震设计规范》GB 50011 的规定;

(2) 钢材的冲击韧性,应满足当地最低气温时的工作性能要求;

(3) 抗震鉴定后需要施焊的钢结构,其碳当量 C 或焊接裂纹敏感指数 P_m,应符合现行国家标准《低合金高强度结构钢》GB/T 1591 的规定;

(4) 沿板厚方向受拉力的厚钢板(厚度 t 不小于 40mm),应满足现行国家标准《建筑抗震设计规范》GB 50011 对 Z 向性能的要求。

抗震设防烈度为 8~9 度地区的高耸、大跨度和长悬臂钢结构,抗震承载力验算时,应计入竖向地震作用的影响。竖向地震作用标准值,8 度和 9 度地区可分别取该结构、构件重力荷载代表值的 10%和 20%。

抗震性能鉴定为不满足的钢结构整体或部分,应根据其不满足的程度以及对结构整体抗震性能的影响,结合后续使用要求,提出相应的维修、加固、改造或更新等抗震减灾措施。

钢结构抗震性能鉴定包括多高层钢结构抗震性能鉴定、大跨度及空间钢结构抗震性能鉴定、厂房钢结构抗震性能鉴定和高耸钢结构抗震性能鉴定等,具体技术措施参见现行国家标准《高耸与复杂钢结构检测与鉴定标准》GB 51008。